现代软件工程
如何高效构建软件

[美] 戴维·法利（David Farley）◎ 著

赵睿 茹炳晟 ◎ 译

U0277366

MODERN
SOFTWARE
ENGINEERING

人民邮电出版社
北京

图书在版编目（CIP）数据

现代软件工程：如何高效构建软件 /（美）戴维·
法利（David Farley）著；赵睿，茹炳晟译. -- 北京：
人民邮电出版社，2023.6（2024.6重印）
ISBN 978-7-115-59958-2

Ⅰ. ①现… Ⅱ. ①戴… ②赵… ③茹… Ⅲ. ①软件工
程—研究 Ⅳ. ①TP311

中国版本图书馆CIP数据核字(2022)第159377号

- ◆ 著　　　[美] 戴维·法利（David Farley）
- 译　　　赵　睿　茹炳晟
- 责任编辑　郭　媛
- 责任印制　王　郁　焦志炜
- ◆ 人民邮电出版社出版发行　北京市丰台区成寿寺路 11 号
- 邮编　100164　电子邮件　315@ptpress.com.cn
- 网址　https://www.ptpress.com.cn
- 固安县铭成印刷有限公司印刷
- ◆ 开本：800×1000　1/16
- 印张：15.75　　　　　　　2023 年 6 月第 1 版
- 字数：325 千字　　　　　　2024 年 6 月河北第 2 次印刷
- 著作权合同登记号　图字：01-2022-1352 号

定价：79.80 元

读者服务热线：(010)81055410　印装质量热线：(010)81055316
反盗版热线：(010)81055315
广告经营许可证：京东市监广登字 20170147 号

内容提要

本书探讨了软件工程的真正含义，汇集了一些重要的软件开发基本原则，将它们紧密结合成一个一致的模型，旨在帮助读者有效、快速地构建软件。全书共 4 个部分：第 1 部分探讨软件工程的真正含义，以及如何将工程的原则和原理应用到软件开发中；第 2 部分讲述运用科学思想优化软件开发过程的方法，包括迭代式、增量式工作，获得并利用快速、高质量的反馈，采用实验性和经验主义的科学方法；第 3 部分介绍管理软件复杂性的方法，深入探讨模块化、内聚力、关注点分离、信息隐藏和抽象、管理耦合等原则；第 4 部分介绍支持软件工程的工具，以及一些贯穿本书的软件开发理念，包括可测试性、可部署性、速度、控制变量、持续交付等。

本书适合对软件工程和软件开发团队管理感兴趣的人士阅读，也可作为软件工程相关课程的参考教材。

关于作者

戴维·法利（David Farley）是持续交付的先驱、思想领袖，也是持续交付、DevOps、测试驱动开发和软件开发领域的专家。

从现代计算的早期开始，戴维曾担任过程序员、软件工程师、系统架构师和成功团队的领导者，他掌握了计算机和软件开发的基本原理，并形成了开创性的方法，改变了开发人员和团队的工作方式。他挑战了传统的思维方式，带领团队开发了世界级的软件。

戴维是获得 Jolt 大奖的《持续交付：发布可靠软件的系统方法》一书的作者之一，是一位受欢迎的会议演讲者，并在 YouTube 上运营着广受欢迎的"持续交付"频道，该频道的主题是软件工程。他建立了世界上速度最快的金融交易所之一，是行为驱动开发的先驱，是《反应式宣言》（*The Reactive Manifesto*）的作者之一，并凭借 LMAX Disruptor 获得了杜克开源软件奖。

戴维热衷于通过咨询、YouTube 频道和培训课程分享他的专业知识，帮助世界各地的开发团队改进软件的设计，提高软件的质量和可靠性。

对本书的赞誉

我们处在信息化时代中，软件技术正在影响着我们现在的生活，对未来也会产生深远的影响，从人工智能、商业航天到我们的手机、计算机、电动汽车、智能家电等。信息化时代的开启，软件工程在其中起着不可估量的作用。软件工程又是一门理论性和实践性都很强的学科，它采用工程化的概念、理论、技术和方法来指导开发与维护计算机软件。《现代软件工程：如何高效构建软件》通过探讨软件工程的真正含义、利用科学思想优化开发过程、管理软件复杂性，汇集了软件开发中的一些基本原则，能够帮助读者快速、有效地构建现代软件。这本书可作为高等院校、继续教育院校"软件工程"课程的教材和教学参考书，也可供有一定实践经验的软件开发人员和管理人员参考。

——杨磊，国家卫星气象中心风云四号气象卫星地面系统副总设计师

近年来，随着云计算、人工智能、大数据、区块链等新一代信息技术的发展，传统软件形态发生变化，新型智能化应用和产品呈现爆发式增长。软件架构向分布式、松耦合和工程化等方向演进，快速变化的业务需求亟需高效的软件构建来支撑。

这本书从纠正人们对软件工程的传统认知误区出发，阐述生产力和创造力在软件工程中缺一不可的辩证关系，并跳出特定的工具或技术，抽象、提炼、连贯为一套具有普适性、基础性的现代软件工程思想和范式，进而以实用有效的方法为重点，讲解科学原理、工程技术如何应用于软件开发。

书中提及的现代软件工程"道法术器"，广泛适用于各类软件开发团队，无论是初创公司还是大型企业，对于改进复杂软件系统的工程实践十分有帮助，促进软件组织更加可靠、高效、高质量地构建软件，交付业务价值，激发创新活力。

——陈屹力，中国信息通信研究院云计算与大数据研究所副总工程师

经历了上百个软件项目后，在"如何高效地构建软件、保质保量地交付软件产品"方面我有了一些体会，但却感觉知识、经验零散，不成体系。于是我迫切地想找到一套工具，把这些零散的知识、经验链接起来，形成一整套理论体系。恰好此时我遇见了这本书，如同犯困的时候有人递枕头，读完仿佛睡了一个好觉，有神清气爽、酣畅淋漓之感。

——王旭东，中银保险有限公司信息科技部副总经理

这本书从软件设计的角度阐明了什么是软件工程，贯穿了实用的设计理念和开发原则，帮我们梳理了进化式地扩展我们的系统、即便在不清楚目标的前提下也可以取得进展的方法，同时整理了随着系统变得越来越复杂，管理系统复杂性的各种设计和开发思想。我们在项目中遇到的实际问题，都可以在这本书中找到借鉴之处。这本书既适合初学者学习，又适合有经验的软件开发人员和架构师作为参考用书，甚至对于管理者在组织架构方面都提出了很好的建议。

——黄海，北京邮电大学信息与通信工程学院多媒体技术教研中心主任、硕士生导师

《现代软件工程：如何高效构建软件》这本书非常好，它描述了当今有经验的从业者们实际构建软件的方式。法利介绍的技术不是死板的、规定性的或线性的，但是它们严格遵循软件构建所需要的方式：经验主义的、迭代的、反馈驱动的、经济的，并且专注于可运行的代码。

——格伦·范德堡（Glenn Vanderburg），Nubank 公司的工程总监

有很多书会告诉你如何效仿一个特定的软件工程实践，但这本书不一样。戴维在书中所做的是，阐述软件工程的本质，以及它与简单工艺的区别。他解释了为什么为了掌握软件工程，你必须成为学习和管理复杂性的专家，如何用已经存在的实践支持这一结论，以及如何判断关于软件工程价值的其他观点。这本书适用于任何认真考虑把软件开发当作一门真正的工程学科的人，无论你是刚刚起步还是已经构建软件几十年了。

——戴夫·豪恩斯洛（Dave Hounslow），软件工程师

这些都是重要的话题，有一个纲要把它们汇集成一个整体太好了。

——迈克尔·尼加德（Michael Nygard），《发布！软件的设计与部署》一书的作者，

专业程序员和软件架构师

我一直在看戴维·法利这本书的评阅样书，这本书正是我们需要的。任何有志成为软件工程师或想要掌握这项工艺的人都应该阅读这本书。这本书给了我们关于专业工程的务实、实用的建议。它应该成为大学和训练营的必读书。

——布赖恩·芬斯特（Bryan Finster），杰出的工程师和美国空军一号平台的

价值流架构师

序

我在大学里学的是计算机科学，当然，我完成了几门名为"软件工程"或者名字与之类似的课程。

在我开始攻读学士学位时，我对编程其实并不陌生，并且已经为我的高中的职业图书馆实现了一个完全有效的目录管理系统。我记得自己曾经对"软件工程"极度困惑，它的存在似乎就是为了妨碍实际的代码编写和应用程序交付。

21 世纪初，当我毕业的时候，我去了一家大型汽车公司的 IT 部门工作。正如你所料，他们热衷于"软件工程"。就是在这里，我第一次看到（但肯定不是最后一次！）甘特图（Gantt chart），也是在这里，我体验到了瀑布式（waterfall）开发。也就是说，我看到软件开发团队在需求收集和设计阶段花费了大量的时间和精力，而在实现（编码）上花费的时间却少得多，这样当然会占用测试时间，然后测试……好吧，剩下的时间已经不多了。

这似乎是在告诉我们，"软件工程"实际上阻碍了创建对客户有用的高质量应用程序。

和许多开发者一样，我觉得一定有更好的方法。

我了解过极限编程（extreme programming，XP）和 Scrum。我想在一个敏捷的（agile）团队中工作，为了找到一个这样的团队，我换了几次工作。很多人说他们是敏捷的，但是通常归总起来，他们不过都是把需求或任务写在索引卡上，贴在墙上，一周为一个**冲刺**（sprint），然后要求开发团队在每个冲刺内交付"x"张卡片，以满足任意的截止日期。以这样的方式来摆脱传统的"软件工程"方法似乎并不起作用。

在我从事软件开发工作 10 年后，我参加了位于伦敦的一家金融交易所的面试。软件负责人告诉我，他们采用极限编程，包括测试驱动开发（test-driven development，TDD）和结对编程（pair programming）。他告诉我，他们正在做一件叫作**持续交付**（continuous delivery）的事情，这很像持续集成（continuous integration），但是它会一直把代码部署到生产环境。

我曾在大型投资银行工作过，在那里，通常部署工作至少需要 3 小时，而且通过一份 12 页的文档来实现所谓的"自动化"，文档中包含需要手动执行的步骤和需要输入的命令。持续交付似乎是个不错的想法，但无疑是不可能的。

这位软件负责人就是戴维·法利（David Farley），我入职这家公司的时候，他正在撰写他的《持续交付：发布可靠软件的系统方法》一书。

我在这家公司和戴维·法利共事了 4 年，他改变了我的人生，成就了我的事业。我们确实做了结对编程、测试驱动开发和持续交付。我还学到了行为驱动开发（behavior-driven development）、自动化验收测试（automated acceptance testing）、领域驱动设计（domain-driven design）、关注点分离（separation of concerns，SOC）、防腐层（anti-corruption layer）、机械同感（mechanical sympathy）和间接层。

我学会了如何用 Java 创建高性能、低延迟的应用程序。我终于明白了"大 O 符号"的真正含义，以及它如何应用于现实的编码中。简而言之，我在大学里学到的和在书本上读到的东西都实际用到了。

这样的工作方式是合理的、有效的，同时它交付了质量和性能非常高的应用程序，提供了前所未有的东西。更重要的是，作为开发人员，我们对自己的工作很满意。我们没有加班，在发布前也没有出现过紧急情况，那几年里代码从来没有变得复杂混乱、不可维护，我们始终可以做到定期交付新功能和"商业价值"。

我们是如何做到这一点的呢？其实就是遵循戴维在这本书中概括出来的实践方法。它不是形式化的，戴维显然从许多其他组织汲取了经验，聚焦到具体概念，令其适用于更多的团队和更广泛的业务领域。

适用于一个高绩效金融交易所的两三个办公地协作团队的方法，与对一家制造公司的大型企业项目或者对一家快速发展的初创公司有效的方法，并不完全相同。

我目前的角色是开发技术推广工程师，我与来自各种公司和业务领域的数百名开发人员交谈过，我听到了他们的"痛点"（即使是现在，他们中许多人的经历也与我 20 年前的没有什么不同）和成功故事。戴维在这本书中介绍的概念足够通用，可以在所有这些环境中使用，也足够具体，能够提供实际帮助。

有趣的是，在我离开戴维的团队后，我开始对**软件工程师**这个头衔感到不舒服。我不认为我们作为开发者所做的事情是工程构建；我不认为是工程学让这个团队成功的。我认为，对我们在开发复杂的系统时所做的工作来说，工程学是一门过于结构化的学科。我喜欢它是"工艺"的观点，因为它同时包含创造力和生产力两个概念，即使它没有充分强调"团队合作"这一解决大规模软件问题所需的要素。这本书改变了我的想法。

戴维清楚地解释了为什么我们会对什么是"真正的"工程有误解。他向我们展示了工程学是一门以科学为基础的学科,但它并不一定是死板的。他讲述了科学原理和工程技术是如何应用于软件开发的,并谈到了为什么那些我们认为是工程的、基于生产的技术不适合软件开发。

我喜欢戴维在这本书中所做的事,他将一些看起来抽象且难以应用的概念,引入我们工作离不开的实际代码中,并展示了如何将它们作为工具,来解决我们的具体问题。

这本书包含开发代码的混乱现实,或者应该说是软件工程的混乱现实:没有单一的正确答案。没有什么东西是一成不变的。在某个时间点上正确的事情,有时甚至在很短的时间之后,就会变得非常错误。

这本书的前半部分为我们提供了切实可行的解决方案,我们不仅可以在这样的混乱现实中存活下来,而且可以在其中得到发展。后半部分讨论了可能被一些人认为抽象或者学术性的话题,并展示了如何应用它们来设计更好的代码(例如,更健壮、更可维护或具有其他"更好的"特性的代码)。

在这里,设计绝对不是指一页又一页地设计文档或 UML(统一建模语言)图,而是简单得就像"在编写代码之前或编写过程中思考一下代码"一样。(当我和戴维结对编程时,我注意到一件事,他花在实际输入代码上的时间非常少。事实证明,在写之前先思考一下我们要写的东西,可以帮我们节省很多时间和精力。)

戴维不会回避或者试图解释共同使用这些实践时出现的任何矛盾,或可能由单个实践引起的潜在混乱。相反,因为他花时间讨论了权衡和常见的混淆领域,我发现自己第一次明白,正是这些平衡和冲突创造了"更好的"系统。这关乎于理解,这些平衡和冲突都可以作为参考,了解它们的成本和收益,把它们当作"镜头",时不时"调调焦",来反复检视代码/设计/架构,而绝不是简单地以二元的、非黑即白的、或对或错的逻辑来理解它们。

读了这本书,我明白了为什么在我和戴维一起工作的那段时间里,我们作为"软件工程师"是如此成功和满意。我希望你通过阅读这本书,可以从戴维的经验和建议中受益,而不必为你的团队雇用一位戴维·法利。

工程快乐!

——特丽莎·吉(Trisha Gee),开发技术推广工程师和 Java 拥护者

前言

本书将**工程**重新引入**软件工程**。在书中，我将描述软件开发的一种实用方法，它使用自觉的理性、严谨的思考方式来解决问题。这些理念是过去几十年我们把从软件开发中习得的心法持续应用的结果。

我之所以执着写这本书，是要让你相信，当工程应用于软件开发时，它既适用也有效，虽然这很可能与你想的不一样。接下来我就会详细描述这种用于软件的工程方法的基本原理，以及它怎么样和为什么能奏效。

这不是关于流程或技术的最新趋势，而是经过验证的、实用的方法，我们有数据显示哪些有效、哪些无效。

以小步迭代的方式工作的效果总比不迭代的要好。将我们的工作组织成一系列小型的、非正式的实验，并收集反馈，为我们的学习提供信息，使我们能够更加有意识地继续这样做下去，在问题与解决方案之间的差距里不断探索。将我们的工作划分开来，使每个部分都目标明确、清晰易懂，这样即使我们在开始之前不了解目标，也能认真地、有意识地逐步发展我们的系统。

即使在我们并不知道答案的情况下，这种方法依然能为我们提供指导，它告诉我们应该关注哪儿、关注什么。无论我们面临什么样的挑战，它都会增加我们成功的机会。

在本书中，我定义了一个模型，用来说明我们是如何组织自己来创建优秀的软件，以及如何高效地做到的，而无论规模大小，不管是真正复杂的系统还是简单的系统。

总有一些人做了出色的工作。我们受益于创新先驱，他们向我们展示了什么是可能的。然而，近年来，我们的行业已经学会了如何更好地解释什么是真正有效的。我们现在更好地理解了哪些想法更通用，可以被更广泛地应用，我们有数据支持这一认知。

我们可以更可靠、更好、更快地构建软件，我们有数据证明这一点。我们可以解决世界级难题，并有许多项目和公司的成功经验来说明这一点。

这种方法汇集了一系列重要的基本思想，而且建立在之前工作的基础上。在某种程度上，就新的实践而言，其中并没有什么新东西，但是我所描述的方法会将重要的思想和实践结合成一个连贯的整体，并为我们建立软件工程行为准则提供依据。

这并不是将完全不同的思想随机结合在一起，而是将这些思想紧密地交织在一起，使之相辅相成。当将它们结合在一起，并一致地应用到我们的思考、组织、工作开展中时，它们对工作的效率和质量有着重大的影响。尽管每一个孤立的思想可能都是我们熟悉的，但是将之结合是一种从根本上完全不同的思考，思考我们究竟在做什么。当这些思想结合在一起，并被用作软件决策的指导原则时，它们代表了一种新的开发范式。

我们正在探索软件工程的真正含义，它并不总是像我们所期望的那样。工程是指采用科学的、理性的方法来解决经济约束下的实际问题，但这并不意味着这种方法是理论化的或官僚化的。从定义上看几乎可以说，工程是实用的。

过去，人们在尝试定义**软件工程**时犯了一个错误，即太过于局限在定义特定的工具或技术上。软件工程绝不仅仅涵盖我们编写的代码和我们使用的工具。软件工程不是任何形式的生产工程，我们的问题不是生产。如果我说到**工程**时，让你想到官僚制度，那么不妨读完本书后再想一想。

软件工程和计算机科学不是一回事儿，尽管我们经常把两者混淆。我们既需要软件工程师，也需要计算机科学家。本书是关于行为准则、过程和思想的，我们需要将它们应用到构建可靠的、可重复的、更好的软件中。

作为软件工程师，我们理所当然地期待一个针对软件的工程学科，能够帮助我们以更高的质量和更高的效率解决我们面临的问题。

这样的工程学科还会帮助我们解决那些我们尚未想到的问题。这样一个学科的概念必定是通用的、持久的和普遍的。

本书试图定义一个紧密相关的思想集合。我的目标是将它们组合成一个连贯的东西，我们可以将其视为一个方法，一个可以影响我们（软件开发人员和软件开发团队）所做出的几乎所有决策的方法。

软件工程作为一个概念，如果要说它有什么意义的话，那一定是为我们提供了优势，而不仅仅是采用新工具的机会。

并非所有的思想都有同等价值。有好的思想，也有坏的思想，那么我们该如何区分它们呢？什么样的原则能够帮助我们评估软件和软件开发中出现的新思想的价值，并判定它是好还是坏呢？

任何思想如果可以被合理地归类为解决软件问题的工程方法，那么它都是普遍适用的，而且是基础性的。本书就是关于这些思想的。你应该用什么标准来选择你的工具？你应该如何组织你的工作？你应该如何组织你构建的系统和你编写的代码，来增加你成功创建它们的机会？

软件工程的定义

我在本书中主张对软件工程做如下定义。

> **软件工程**是对经验主义的、科学方法的应用，目的是为软件中的实际问题找到高效的、经济的解决方案。

我的目标是远大的。我想提出一个大纲、一个结构、一个方法，使得软件工程能够被视为用于软件的真正的工程学科。从根本上讲，这基于 3 个关键理念。

- 科学及其实际应用"工程"是技术学科取得有效发展的必要工具。
- 软件工程学科从根本上来说就是学习和发现的学科，所以为了有所成就，我们需要成为**学习专家**，而科学和工程是我们最有效的学习途径。
- 我们构建的系统通常是复杂的，而且会越来越复杂。这就意味着，为了应对它们的发展，我们需要成为**管理复杂性的专家**。

本书主要内容

第 1 部分"什么是软件工程？"，首先看看工程在软件环境中究竟意味着什么。这是关于工程的原则和原理，以及我们如何将这些原则和原理应用到软件中。这是软件开发的技术原理。

第 2 部分"优化学习"，着眼于我们如何组织工作，让我们在小步骤中也能取得进展。我们如何评估我们是取得了良好的进展，还是仅仅在今天创造了明天的遗留系统？

第 3 部分"优化管理复杂性"，探讨管理复杂性所需要的原则和技术。本部分更深入地探讨每一条原则，以及它们对于构建高质量软件的意义和适用性，而无论软件性质如何。

　　第 4 部分"支持软件工程的工具"，描述一些思想和工作方法，这些思想和工作方法可最大限度地增加我们的学习机会，增强我们在小步骤中取得进展的能力，以及在系统增长时管理系统复杂性的能力。

　　本书以加灰底的形式在全书中贯穿了关于软件工程的历史和原理以及思想发展的内容。这些插入的内容为本书中的许多观点提供了有益的背景。

致谢

写这样的一本书需要很长时间、大量的工作，以及对许多思想的探索。协助我完成这个过程的人，以各种不同的方式帮助着我。他们有时同意我的观点，强化我的信念；有时不同意我的观点，促使我加强自己的论点或者改变自己的想法。

首先，我要感谢我的妻子凯特（Kate），她在各方面帮助了我。尽管凯特不是一位软件专业人士，但她读了本书的大部分内容，帮助我纠正语法，打磨文字。

我要感谢我的姐夫伯纳德·麦卡蒂（Bernard McCarty），他在科学这个话题上反复与我探讨，让我深入思考为什么我想讨论实验法和经验主义以及许多其他的东西。

我要感谢特丽莎·吉（Trisha Gee），她不仅写了非常好的序，而且在我写作本书的时候，总能得到她充满热情的鼓励。

我要感谢马丁·汤普森（Martin Thompson），我总是可以找到他，向他寻求计算机科学的专业意见，而且他经常可以对我相当随意的想法做出迅速的反应。

我要感谢马丁·福勒（Martin Fowler），尽管他需要把很多时间和精力投入其他项目，但他还是给了我建议来优化本书。

多年来，很多朋友都间接地帮助我形成对本书内容的想法，包括但不限于这些朋友：戴夫·豪恩斯洛（Dave Hounslow）、史蒂夫·史密斯（Steve Smith）、克里斯·史密斯（Chris Smith）、马克·普赖斯（Mark Price）、安迪·斯图尔特（Andy Stewart）、马克·克劳瑟（Mark Crowther）、迈克·巴克（Mike Barker）。

我要感谢培生教育出版集团团队在本书的出版过程中提供的帮助和支持。

我还要感谢一大群人，这些人有的我可能都不认识，他们给予我支持，他们善辩论、好挑战、善思考。这些年，我在 Twitter 和 YouTube 频道上参与了一些很棒的交流，我的很多想法都是在这些交流中产生的。谢谢！

我想把这本书献给我的妻子凯特和我的儿子们：汤姆和本。

多年来，凯特一直坚定地支持着我的写作和工作，她总是能够激发我思考，

她既是我的伴侣，也是我最好的朋友。

汤姆和本是我钦佩的年轻人，作为一名父亲，我深爱着他们，

我很高兴在写这本书的同时，有幸与他们一起参与了几项合资项目。

谢谢你们的帮助和支持！

服务与支持

本书由异步社区出品，异步社区（https://www.epubit.com）为您提供后续服务。

提交错误信息

作者、译者和编辑尽最大努力来确保书中内容的准确性，但难免会存在疏漏。欢迎您将发现的问题反馈给我们，帮助我们提升图书的质量。当您发现错误时，请登录异步社区，按书名搜索，进入本书页面，单击"发表勘误"，输入相关信息，单击"提交勘误"按钮即可（见下图）。本书的作者、译者和编辑会对您提交的错误信息进行审核，确认并接受后，您将获赠异步社区的 100 积分。积分可用于在异步社区兑换优惠券、样书或奖品。

扫码关注本书

扫描下方二维码，您将在异步社区微信服务号中看到本书信息及相关的服务提示。

与我们联系

我们的联系邮箱是 contact@epubit.com.cn。

如果您对本书有任何疑问或建议,请您发邮件给我们,并请在邮件标题中注明书名,以便我们更高效地做出反馈。

如果您有兴趣出版图书、录制教学视频,或者参与图书翻译、技术审校等工作,可以发邮件给我们;有意出版图书的作者也可以到异步社区在线提交投稿(直接访问 www.epubit.com/selfpublish/submission 即可)。

如果您所在的学校、培训机构或企业,想批量购买本书或异步社区出版的其他图书,也可以发邮件给我们。

如果您在网上发现有针对异步社区出品图书的各种形式的盗版行为,包括对图书全部或部分内容的非授权传播,请您将怀疑有侵权行为的链接通过邮件发给我们。您的这一举动是对作者权益的保护,也是我们持续为您提供有价值的内容的动力之源。

关于异步社区和异步图书

"异步社区"是人民邮电出版社旗下 IT 专业图书社区,致力于出版精品 IT 图书和相关学习产品,为作译者提供优质出版服务。异步社区创办于 2015 年 8 月,提供大量精品 IT 图书和电子书,以及高品质技术文章和视频课程。更多详情请访问异步社区官网 https://www.epubit.com。

"异步图书"是由异步社区编辑团队策划出版的精品 IT 专业图书的品牌,依托于人民邮电出版社近 40 年的计算机图书出版积累和专业编辑团队,相关图书在封面上印有异步图书的 Logo。异步图书的出版领域包括软件开发、大数据、人工智能、测试、前端、网络技术等。

异步社区

微信服务号

目录

第3部分 优化管理复杂性

第 4 部分 支持软件工程的工具

第 1 部分

什么是软件工程？

第 **1** 章

简单介绍

1.1 工程——科学的实际应用

软件开发是发现和探索的过程，因此，要想成功，软件工程师需要成为**学习方面**的专家。

人类学习的最佳途径之一是科学，因此我们需要采用科学的技术和策略来解决我们的问题。这常常被误解为，我们需要成为软件领域的物理学家，以期望过高的精度来评估事物。工程要比这务实得多。

这里说的采用科学的技术和策略，指的是我们应该应用一些相当基础但非常重要的科学思想。

维基百科（Wikipedia）把我们大多数人在学校学到的科学方法归纳如下。

- **描绘**：观察当前的状态。

- **假设**：给出一个描述、一个推测，来解释你的观察。
- **预测**：根据你的假设做出预测。
- **实验**：验证你的预测。

当我们以这种方式组织我们的思维，并开始基于许多非正式的小型实验取得进展时，我们仓促得出不恰当结论的风险就会变小，最终我们会做得更好。

如果我们开始考虑控制实验中的变量，以便在结果中实现更高的一致性和可靠性，这将引导我们获得更具确定性的系统和代码。如果我们开始对自己的想法持怀疑态度，并探索如何去证伪它们，我们就能更快地识别并消除糟糕的想法，从而推进更快速的发展。

本书将深耕于解决软件问题的实用、务实的方法，其基础是对基本科学原理的非正式运用，换句话说，就是**工程**！

1.2 软件工程的定义

本书中软件工程的定义是：

> **软件工程**是对经验主义的、科学方法的应用，目的是为软件中的实际问题找到高效的、经济的解决方案。

对软件开发来说，采用工程方法是很重要的，其原因有二。其一，软件开发始终是一项发现和学习的活动；其二，如果我们的目标是"高效的"和"经济的"，那么我们的学习能力必须是可持续的。

这意味着我们必须管理我们所创造的系统的复杂性，以保持我们学习新事物和适应新事物的能力。

因此，我们必须成为**学习专家**和**管理复杂性的专家**。

专注于学习，从根本上说，有 5 个原则。具体来说就是，要成为**学习专家**，我们需要：

- 迭代（iteration）；
- 反馈（feedback）；
- 增量主义（incrementalism）；

- 实验（experimentation）；
- 经验主义（empiricism）。

这是创造复杂系统的一种逐渐演进的方法。复杂的系统不是完全从我们的想象中形成并突然出现的。它们是许多小步骤的产物，在这些小步骤中，我们尝试我们的想法，并在过程中对成功和失败做出反应。这些原则是我们探索和发现的工具。

这样的工作方式会约束我们，使我们能够稳妥地前进。我们需要能够促进探索的工作方式，这是每个软件项目的核心。

因此，除了要专注于学习，我们还需要在答案不确定，甚至有时候方向都不确定的情况下，以一种能够让我们取得进展的方式工作。

为此，我们需要成为**管理复杂性的专家**。不管我们要解决的问题的性质是什么，或者我们用什么技术来解决这些问题，能否应对我们面对的问题的复杂性，以及用来解决这些问题的解决方案的复杂性，是区分坏系统和好系统的关键。

要成为**管理复杂性的专家**，我们需要：

- 模块化（modularity）；
- 内聚力（cohesion）；
- 关注点分离（separation of concerns）；
- 抽象（abstraction）；
- 松耦合（loose coupling）。

我们很容易因为熟悉这些概念，反而看到了却又忽略了它们。是的，你肯定熟悉几乎所有这些概念。本书的目的是将它们组织在一起，形成一个连贯的方法，用于软件系统的开发，以便帮助你最大限度地利用它们的潜能。

本书首先会讲述如何使用上述这 10 个概念作为工具，来指导软件开发。然后，会讲述一系列可以充当实际工具的理念，它们可以为任何软件开发提供有效的策略。这些理念包括：

- 可测试性（testability）；
- 可部署性（deployability）；
- 速度（speed）；
- 控制变量（controlling the variable）；
- 持续交付（continuous delivery）。

当我们把这个想法付诸实践时，结果是意义深远的。我们构建出更高质量的软件，更快速地完成工作，在采纳这些理念的团队中工作的人们说，他们更享受自己的工作，感受到的压力更小，他们的工作与生活更加平衡。[①]

这些虽然是夸张的说法，但是同样有数据支持。

1.3 重新定义"软件工程"

我为这本书的名称苦苦挣扎，不是因为不知道它该是什么，而是因为我们的行业已经重新定义了**工程**在软件环境中的含义，这个术语已经"贬值"。

在软件领域，通常它要么被简单地当成"代码"的同义词，要么被视作过于官僚的和程序化的东西，让人望而却步。对真正的工程来说，没有什么比这更离谱了。

在其他学科中，**工程**简单地意味着"有效的东西"。它是过程和实践，运用它可以增加你把事情做好的机会。

如果"软件工程"的实践不能让我们更快速地构建更好的软件，那么这些实践就不是真正的工程，我们应该改变它们！

这是本书的核心思想，其目的是描述一个认知上一致的模型，该模型把一些基本原则汇集在一起，这些基本原则就是软件开发中所有伟大的根源。

没有人能够保证一定会成功，但是采用这些思维工具和组织原则，并将它们应用到你的工作中，肯定会增加你获得成功的机会。

如何获得发展

软件开发是一项复杂、深奥的活动。在某种程度上，这是我们人类从事的比较复杂的活动之一。假设每个人甚至每个团队，每次开始一项新工作时，每个人甚至每个团队都可以、也应该从零开始发明着手处理的方法，这样的假设是荒谬的。

我们已经学过而且还在继续学习一些有用的东西和一些不怎么有用的东西。那么，如果每个人对每件事都有否决权，我们所处的行业，我们作为一个团队，如何才能像艾

---

① 基于"DevOps 状态"报告以及微软（Microsoft）和谷歌（Google）分析报告的调查结果。

萨克·牛顿（Isaac Newton）说的那样，站在巨人的肩膀上取得进步和发展呢？我们需要一些一致同意的原则和一些行为准则来指导我们的活动。

这种思路的危险在于，如果应用不当，它可能会导致苛刻的、过度指令化的"权威决策"式思维。

我们将回到以前糟糕的想法，即认为就是应该由管理者和领导者来告诉其他人该做什么和该如何做。

过多"限制"或过于"教条化"的最大问题是，如果我们的一些观念是错误的或是不完整的，我们该怎么办？这必然会成为现实，那么我们该如何挑战和反驳陈旧的、已经确立的、糟糕的观念，评估新颖的、潜力巨大的、未经尝试的想法呢？

关于如何解决这些问题，我们有一个很有力的方法。它是一种承认思想自由的方法，让我们能够挑战和驳斥教条，并且能够区分是流行的还是普通的、是陈旧糟糕的还是伟大的思想，而无须关心其来源是什么。它允许我们用更好的想法取代坏观念，并在好想法的基础上进行改进。从根本上说，我们需要某种能够让我们成长的结构，来逐步发展进步的方法、战略、流程、技术和解决方案。我们称这个好方法为**科学**！

当我们把这个方法应用到解决实际问题上时，我们称之为**工程**！

本书将介绍如何将科学式推理应用到我们的学科中，从而获得真正的、名副其实的**软件工程**。

1.4 软件工程的诞生

软件工程作为一个概念产生于 20 世纪 60 年代末。这个词最初是由玛格丽特·汉密尔顿（Margaret Hamilton）开始使用的，后来她成为美国麻省理工学院（MIT）仪器实验室软件工程部的主管。玛格丽特领导了阿波罗太空计划（Apollo space program）飞行控制软件的开发工作。

在同一时期，北大西洋公约组织（North Atlantic Treaty Organization，NATO，简称北约）在德国加米施-帕滕基兴（Garmisch-Partenkirchen）召开了一次会议，尝试定义这个词。这是第一次**软件工程会议**。

最早的计算机是通过开关来编程的，甚至将硬编码作为其设计的一部分。先驱者们很快意识到，这种方法既慢又不灵活，于是"存储程序"的概念就诞生了。这是第一次明确地区分软件和硬件。

到了 20 世纪 60 年代末，计算机程序已经变得非常复杂，难以自行创建和维护。它们参与解决更复杂的问题，并迅速成为使某些问题得以解决的有利步骤。

人们认为，硬件的发展速度与软件的发展速度存在着显著的差距。这在当时被称为**软件危机**。

北约会议的召开，部分原因是为了应对这场危机。

今天再来阅读那些会议的记录，有许多观点显然是持久的。它们经受住了时间的考验，它们在今天和在 1968 年一样正确。对我们来说，识别出定义我们学科的一些基本特征，这一现象应该很有趣。

几年后，回顾过去，图灵奖（Turing Award）得主弗雷德·布鲁克斯（Fred Brooks）将软件的发展与硬件的发展相比：

> 在 10 年内，无论是在技术上还是在管理技巧上，都不会有任何单一的发展，能够保证在生产力、可靠性和简洁性上获得哪怕一个数量级的提升。[1]

布鲁克斯是在与著名的摩尔定律[2]进行比较时说这番话的，多年来硬件开发一直遵循摩尔定律。

这是一个有趣的观察结果，我认为，它会让很多人感到惊讶，但本质上它一直是正确的。

布鲁克斯接着说，这并不只是软件开发的问题，这更像是对硬件性能独特而惊人的进步的观察：

> 我们必须注意到，反常的并不是软件发展得太慢，而是计算机硬件发展得太快。自人类文明诞生以来，没有任何一项技术在 30 年里性价比上涨了 6 个数量级。

---

[1] 资料来源：弗雷德·布鲁克斯 1986 年的论文《没有银弹：软件工程的本质性与附属性工作》（"No Silver Bullet: Essence and Accidents of Software Engineering"）。

[2] 1965 年，戈登·摩尔（Gordon Moore）预测，在接下来的 10 年（到 1975 年），晶体管密度（而非性能）将每年翻一番，后来修正为每两年翻一番。这一预测成为半导体生产商的目标，并大大超出摩尔的预期，在接下来的几十年里，这一预测一直被实现。一些观察者认为，由于当前方法和量子效应方法的局限性，我们正在接近容量爆发式增长的终点，但在我撰写本书时，高密度半导体开发仍遵循摩尔定律。

他在 1986 年写下这些，今天我们认为那是计算机时代的黎明。自那以后，硬件就一直在以这样的速度发展，在布鲁克斯看来，与现代系统的容量和性能相比，那些似乎功能强大的计算机就像玩具。然而……他对软件开发改进速度的观察仍然是正确的。

1.5　范式转移

范式转移（paradigm shift）的概念是由物理学家托马斯·库恩（Thomas Kuhn）提出的。

大多数的学习都是一种积累。我们建立理解层次，每一层都以前一层为基础。

然而，并不是所有的学习都是这样的。有时候，我们要从根本上改变对某个事物的看法，这让我们能够学到新东西，但这也意味着我们必须抛弃旧东西。

在 18 世纪，有声望的生物学家们（当时还不这么称呼他们）认为有些动物是自然产生的。自从达尔文（Darwin）在 19 世纪中期描述了自然选择的过程，就完全推翻了自然发生说的观点。

这种思想上的改变，最终引领我们发展到现代遗传学，使我们有能力在更根本的层面上理解生命。

同样，开普勒（Kepler）、哥白尼（Copernicus）和伽利略（Galileo）也挑战了当时的传统智慧，即地球是宇宙的中心。他们转而提出了太阳系的日心说模型。这最终使得牛顿发现了万有引力定律，爱因斯坦（Einstein）提出了广义相对论，有了它们，我们做到了在太空中旅行，创造出像全球定位系统（GPS）这样的技术。

范式转移的概念隐含着这样一种思想，即当我们做出这样的转移时，作为这个过程的一部分，我们将抛弃一些现在已知不再正确的观点。

把软件开发视为一门真正的工程学科，根植于科学方法和科学理性主义原理，其意义是深远的。

它的意义深远之处不仅在于它的影响和作用——关于这一点在《加速：企业数字化转

型的 24 项核心能力》一书中有十分具有说服力的描述[①]，同时还在于抛弃这种方法所取代的观点的必要性。

这为我们提供了一个方法，使我们的学习可以更有效果，而且可以更高效地抛弃糟糕的观点。

我相信，我在本书中描述的软件开发方法可以体现这样的范式转移。它为我们提供了新的视角来了解我们所做的是什么以及如何做。

1.6 小结

将这种工程思维应用到软件领域，不需要太过沉重的或过于复杂的过程。当我们构建软件时，范式转移会让我们从不同的角度思考我们所做的是什么以及如何做，这将帮助我们全面地看问题，更简单、更可靠、更高效地解决问题。

这不是更加官僚的。相反，它将提高我们的能力，使我们能够更加可持续地、更加可靠地构建高质量的软件。

---

① "DevOps 状态"报告背后的 DevOps 研究与评估（DORA）团队，描述了他们从研究中创造出来的预测模型。资料来源：《加速：企业数字化转型的 24 项核心能力》，作者为妮科尔·福斯格伦（Nicole Forsgren）、耶斯·亨布尔（Jez Humble）、吉恩·金（Gene Kim）（2018 年）。

第**2**章

什么是工程?

我已经和人们谈论软件工程好几年了。因此,我经常参与有关桥梁建设的对话。他们的开头通常是"是的,但软件不是桥梁建设",好像这是某种启示似的。

当然,软件工程和桥梁建设不一样,但大多数软件开发人员认为的桥梁建设也不像真正的桥梁建设。这种对话实际上是生产工程和设计工程的一种混淆。

当涉及物理实体时,生产工程是一个复杂的问题,制造实体的东西需要达到一定的精度和质量。

你需要按照特定的时间、特定的预算等条件,将小部件交付到某个特定的空间位置。当模型和设计不足时,你需要让理论上的构思适应实际情况。

数字资产则完全不同。虽然有一些类似的问题,但对数字制品来说,这些问题要么不存在,要么可以变得十分简单。任何类型数字资产的生产成本基本上都是可以忽略的,或者至少应该是可以忽略的。

2.1 生产不是我们的问题

对大多数人来说,困难的部分是把"东西"生产出来。设计一辆汽车、一架客机或一部手机可能需要付出的是努力和智慧,但是将最初的原型设计和想法投入大规模生产,则是极其昂贵且复杂的。

如果以效率为目标,尤其如此。由于存在这些困难,我们作为工业时代和工业时代思维的产物,对于任何重大任务,都会自然而然地、几乎不假思索地担心这一方面,即生产方面。

结果,在软件领域,我们相当一致地试图将"生产式思维"应用到我们的行业中。瀑布式[①](waterfall)流程是软件的生产线,它是大规模生产的工具。它不是发现、学习和实验的工具,却是或者至少应该是我们行业的核心。

除非我们很愚蠢,否则在软件开发的选择上,对我们来说,生产是由触发构建组成的!

这种触发构建式生产是自动的、按键式的、可伸缩性极强的,而且价格便宜到可以视作免费的。我们仍然可以犯错误,但这些问题都是能够理解的,并能通过工具和技术很好地解决。

生产不是我们的问题。这使得我们的学科与众不同,但这也让它容易被误解,并受制于错误的思维和实践,因为这种生产的便利性是如此不寻常。

2.2 设计工程,而非生产工程

即使在现实世界中,如果桥梁建造者正在建造第一座新型桥梁,那么大多数人认为的"桥梁建造"也是不同的。在这种情况下,你会遇到两个问题,一个与软件开发无关,一个与软件开发有关。

首先,无关的部分——即使在建造第一座新型桥梁时,因为它是实体的,也会遇到我提到过的所有生产问题,甚至更多。从软件的角度来看,这些都可以忽略。

其次,就桥梁建设而言,除了这些生产问题,如果你正在建造第一座新型桥梁,第

---

① 瀑布式,用于软件开发,是一种分阶段的、顺序的组织工作的方法,它将工作分解成一系列不同的阶段,每个阶段之间有明确定义的工作交接。其思想是,依次处理每个阶段,而不是迭代。

二个真正困难的部分是新型桥梁的设计。

这很困难，因为当你的产品是实体时，你不可能快速迭代。在构建实体时，更改它们是很难的。

因此，其他学科的工程师采用建模技术。他们可能选择建立小型的物理模型，现在可能是用计算机模拟他们的设计或各种数学模型。

在这方面，我们软件开发人员拥有巨大的优势。桥梁建造者可能会对他们提出的设计进行计算机模拟，但得出的只是真实情况的近似值。他们的模拟，他们的模型，都是不精确的。而我们作为软件创建的模型，我们对问题的计算机模拟，就是我们的产品。

我们不需要担心我们的模型是否符合现实，我们的模型就是我们系统的现实，所以我们可以验证它们。我们也不需要担心更改它们的成本。它们是软件，因此，它们非常容易更改，至少与桥梁相比是这样的。

我们的学科是一门技术学科。我们喜欢这样认定自己，我猜，大多数认为自己是专业软件开发人员的人，可能在他们的教育中多少有一些科学背景。

尽管如此，很少有软件开发是在科学理性主义的思想下进行的。在某种程度上，这是因为在历史上我们犯过一些错误。这在一定程度上是因为我们假设科学是困难的、昂贵的，并且不可能在正常的软件开发计划范围内实现。

其中部分错误是假定某种程度的理想精度，而这样的精度在任何领域都是不可能实现的，更不用说在软件开发领域了。我们曾经犯过的错误就是追求数学精度，这和工程不是一回事儿！

工程与数学

在 20 世纪 80 年代末和 90 年代初，很多人都在谈论编程结构思想。对软件工程意义的思考转移到了检查我们生成代码的工作方式上。具体来说就是，我们如何才能更有效地识别和消除设计和实现中的问题？

形式化方法（formal method）成为一种流行的思想。当时，大多数大学课程都会教授形式化方法。形式化方法是一种构建软件系统的方法，用这种方法构建的软件系统中内置了对所编写代码的数学验证。其思想是，证明代码是正确的。

这样做存在的一个大问题就是，为复杂系统编写代码本身就很难了，而要编写定义复杂系统行为并自证其正确的代码就更难了。

形式化方法是一个很吸引人的想法，但是从实用的角度来说，它还没有在一般的软件开发实践中得到广泛的采用，因为从生产的角度来看，它使代码的生成更难，而不是更容易。

不过，一个更具哲学意义的论点略有不同。软件是不寻常的东西，它显然对那些喜欢数学思维的人很有吸引力。所以，将数学方法应用于软件的吸引力是显而易见的，但也有一定的局限性。

来看一个现实世界的类比。一些现代工程师打算利用他们所掌握的一切工具来开发一个新系统。他们将会创建模型和模拟，并计算出数字，以便弄清楚他们的系统是否能够工作。他们的工作在很大程度上依赖于数学，但是之后他们还是要进行实际的尝试。

在其他工程学科中，数学当然是一个重要的工具，但它不能取代对测试的需要和从实际经验中学习的需要。现实世界中的差异太大，无法完全预测结果。如果单靠数学就能设计出一架飞机，那么航空航天公司完全可以这么做，因为这比制造真正的原型机要便宜，但他们没有这么做。但是，他们广泛地使用数学来指导他们的思维方式，然后他们通过测试一个真实的设备来检查他们的思维。而软件与飞机或太空火箭完全不一样。

软件是数字化的，主要运行在确定的设备上，这个设备叫作**计算机**。因此，对于某种有限的环境，如果问题足够简单，有足够的约束、足够的确定性，并且可变性足够低，那么形式化方法是有效的。但这里的问题在于系统作为一个整体的确定性程度。如果系统中到处都是并发的，到处都在与"真实世界"（人）交互，或者系统只是在一个足够复杂的领域中运行，那么"可证明性"很快就会变得不切实际。

所以，我们和航空航天的同行们走了同样的路，尽可能地运用数学思维，采用数据驱动的、务实的、经验主义的、实验的方法来学习，让我们能够在系统不断增长的同时对其进行调整。

在我撰写这本书的时候，美国太空探索技术公司（SpaceX）正在一边忙着发射火箭，一边努力完善星际飞船。[①]当然，它为火箭、发动机、燃料输送系统、发射基础设施和其

---

① 在我撰写本书时，SpaceX 公司正在开发一种新的完全可重复使用的航天器。据称 SpaceX 公司的目的是创造一个系统，使人们能够前往火星并在火星上生活，以及探索太阳系的其他部分。它采用了一种有意的快速迭代式工程，能迅速地创建和评估一系列快速生产原型。这是工程知识极限下的极端形式的设计工程，这是一个十分迷人的例子，向我们展示了创造新事物都需要什么。

他几乎每个方面的设计都建立了数学模型，但是之后它还是会测试它们。

即使是看似简单的事情，比如从 4 毫米不锈钢换成 3 毫米不锈钢，看起来也是一个相当可控的更改。SpaceX 公司获得了有关金属抗拉强度的详细数据，它从测试中收集经验和数据，这些数据准确地显示了 4 毫米不锈钢制成的压力容器的强度。

尽管如此，SpaceX 公司在分析完这些数据后，还是建立了实验原型来评估差异。它将这些测试件加压直至破坏，以检验计算是否准确，并获得更深入的了解。SpaceX 公司收集数据并验证它的模型，是因为这些模型很有可能会以某种"神秘"的、难以预测的方式出现错误。

与其他所有工程学科相比，我们的显著优势在于，我们以软件的形式创建的模型，是我们工作的可执行结果。所以当我们测试它们时，我们是在测试我们的产品，而不是对产品最佳现实情况的猜测。

如果我们仔细地隔离出系统中我们感兴趣的部分，就可以在与生产环境完全相同的环境中对其进行评估。因此，与其他任何学科相比，我们的实验模拟能够更准确、更精确地代表我们系统的"真实世界"。

格伦·范德堡（Glenn Vanderburg）在他精彩的演讲"真正的软件工程"（Real Software Engineering）中说，在其他学科中"工程意味着有效的东西"，而对软件来说则几乎相反。

范德堡继续探索为什么会出现这种情况。他描述了软件工程的学术方法，这种方法非常复杂，几乎没有一个实践过它的人会在未来的项目中推荐它。

这种学术方法"过于沉重"，对软件开发过程全然没有任何显著的价值。范德堡说：

> "学术软件工程"之所以奏效的唯一原因是，关心此事的精明人士愿意绕过
>
> 这个过程。

从任何合理的定义角度来看，这都不是工程。

范德堡所说的"工程意味着有效的东西"很重要。如果我们选择将之当作"工程"的实践，不能让我们更快地开发更好的软件，那么它们就不符合工程的条件！

与所有实体生产过程不同，软件开发完全是一项发现、学习和设计的活动。我们的问题是探索，因此我们甚至比宇宙飞船设计者更应该应用探索技术，而不是生产工程技术。软件开发是一门设计工程的学科。

所以，我们对工程的理解经常是混乱的，那么工程到底是关于什么的？

第一位软件工程师

在玛格丽特·汉密尔顿领导阿波罗太空计划飞行控制软件开发期间，没有"游戏规则"可以遵循。她说："随着每一项新的相关发现的出现，我们都在不断完善'软件工程'规则，而美国国家航空航天局（NASA）的高层管理规则却从'完全自由'变成了'官僚主义的过度使用'。"

当时，能够拿来借鉴的此类复杂项目的经验很少，所以这个团队经常开拓新领域。汉密尔顿和她的团队面临的挑战是巨大的，而且在 20 世纪 60 年代，还没有找到关于堆栈溢出（stack overflow）的答案。

汉密尔顿讲述了一些挑战：

> 太空任务软件必须是人工操作的。它不仅必须起作用，而且必须在第一次就起作用。不仅软件本身必须非常可靠，它还需要能够实时执行错误检测和恢复。我们的语言使我们敢于犯最细微的错误。我们自己想出了构建软件的规则。我们从错误中学到的东西总是令人惊喜的。

与此同时，与其他更"成熟"的工程相比，软件通常被视为"穷亲戚"。汉密尔顿创造软件工程这个术语的原因之一，就是为了让其他学科的人们更认真地对待软件。

汉密尔顿方法背后的驱动力之一是关注事情如何失败——我们出错的方式。

> 我对错误很着迷，过去我从没有停止过思考是什么导致了一个特定的错误或者一类错误的发生，以及如何防止它未来再次发生。

这一重点基于科学理性地解决问题的方法。这并非假设你能在第一时间就做好计划不出错，而是你可以带着怀疑的态度对待所有的想法、解决方案和设计，直到你想不出事情会怎样出错。有时候，现实仍然会让你大吃一惊，但这是工程经验主义在起作用。

汉密尔顿早期工作中体现出的另一个工程原则是"失效安全"（fail safe）的概念。假设我们永远不可能为每个场景都编写代码，那么我们该如何编写代码来使我们的系统可以应对意外情况，同时仍然取得进展呢？众所周知，正是汉密尔顿主动实施了这一概念，拯救了阿波罗 11 号的任务，即使在下降过程中计算机出现了过载的情况，仍然让登月舱鹰号（Lunar Module Eagle）成功登上了月球。

当尼尔·阿姆斯特朗（Neil Armstrong）和巴兹·奥尔德林（Buzz Aldrin）乘坐登月舱（Lunar Excursion Module, LEM）向月球降落时，宇航员和任务控制中心之间进行了一次交流。当登月舱接近月球表面时，计算机发出了 1201 和 1202 的警报，宇航员们问是应该继续还是中止任务。

NASA 犹豫不决，直到其中一名工程师大喊"继续！"，因为他知道软件出了什么问题。

在阿波罗 11 号上，每次 1201 或 1202 警报出现，计算机都会重启，重新启动重要的工作，比如控制下降引擎、运行显示屏和键盘（DSKY）装置，让机组人员知道发生了什么，但不会重新启动所有被错误安排了的交会雷达的工作。NASA 在任务操作控制室（MOCR）的工作人员知道——因为麻省理工学院已经大量地测试了重启的能力——这项任务可以继续进行。[①]

这种"失效安全"行为被编码到系统中，关于它何时或如何起作用，不需要任何具体的预测。

所以，汉密尔顿和她的团队提出了更加具有工程主导性的思维方式的两个关键属性，即经验主义的学习和发现，以及想象事情可能会如何出错的习惯。

2.3 工程学的初步定义

大多数词典对**工程学**的定义都包括一些常用的词汇："数学的应用""经验主义的证据""科学推理""在经济约束范围内"。

我提出以下初步定义：

工程学是对经验主义的、科学方法的应用，目的是为实际问题找到高效的、经济的解决方案。

这里所有的词都很重要。工程学是应用科学，它是实用的。使用"经验主义"一词意味着学习，并为了解决问题而促进理解和改善解决方案。

---

① 资料来源：彼得·阿德勒（Peter Adler）。

工程学创造的解决方案不是抽象的象牙塔，它们是实用的，适用于问题和环境。

这些解决方案是高效的，它们是基于对经济形势的理解而产生的，并受经济形势的限制。

2.4　工程不等于代码

当涉及软件开发时，关于**工程**意味着什么，有另一个常见的误解，即工程只是输出——代码或者代码设计。

这种解释太狭隘了。工程对 SpaceX 公司意味着什么？不是火箭，它们是工程的产物。工程是创造它们的过程。火箭中当然有工程，它们当然是"工程结构"，但我们不认为只有焊接金属的行为是工程，除非我们对这个话题的看法出奇地狭隘。

如果我的定义成立，那么工程就是运用科学理性主义来解决问题的。工程真正发挥作用的地方是"问题的解决"，而不仅仅是解决方案本身。它是过程、工具和技术。思想、原理和方法共同组成了工程学科。

在写这本书的过程中，我有一个不同寻常的经历：我在我的 YouTube 频道上发布了一个失败的游戏视频，但这个视频比我大多数的视频都要受欢迎得多。

当我说这是"软件工程的失败"时，我得到的最常见的负面反馈是，我在指责程序员，而不是他们的经理。我的意思是，这是整个软件生产方法的失败。计划很糟糕，文化很糟糕，代码很糟糕（很多 bug 很明显）。

因此，在这本书中，当我谈到工程时，除非我特别限定它的含义，否则我指的就是**制作软件所需要的一切**。过程、工具、文化——都是整体的一部分。

编程语言的进化

软件工程的早期努力主要集中在创建更好的编程语言上。第一代计算机很少或根本没有将硬件和软件分开，他们通过将电线插入接线板或拨动开关来编程。

有趣的是，这项工作通常交给"计算员"来做，计算员通常是女性，她们在计算机（作为机器）出现之前就已经在做计算（数学）的工作了。

然而，这低估了她们的作用。当时，组织中"更重要"的人在说明"程序"时，通常说，"我们想要解决这个数学问题"。工作的安排，以及随后如何将其转化为适当的机器设置，这些细节，都留给了这些计算员来完成。她们才是我们学科真正的先驱！

现在，我们使用不同的术语来描述这些活动。我们把要告知工作人员的工作说明称为**需求**，把制订计划来解决问题的行为称为**编程**，把计算员称为**程序员**，她们是早期电子计算机系统的第一批真正的程序员。

接下来的一大步是向"存储程序"及其编码发展。那是纸带和打孔卡片的时代，采用这种存储介质来存储程序的最初步骤仍然是"相当硬核"的。程序用机器代码编写，并存储在纸带或卡片上，然后输入机器。

能够在更高层次的抽象中捕获想法的高级语言是下一个重大进步，这使得程序员可以更快地取得进展。

到了 20 世纪 80 年代初，几乎所有语言设计中的基本概念都被涵盖了。但这并不意味着此后就没有任何发展，而是大多数重大思想都已经被涉及了。尽管如此，作为我们学科的核心观念，软件开发对语言的关注仍在继续。

当然，有几个重要的发展步骤也都影响了程序员的生产力，但是可能只有一步给出了弗雷德·布鲁克斯提出的 10 倍或者接近 10 倍的提升。这一步就是从机器语言到高级语言的进化。

在这条进化的道路上，其他步骤也都意义重大，比如过程式编程（procedural programming）、面向对象（object orientation）和函数式编程（functional programming），但所有这些概念都已经存在了很长时间。

我们行业对语言和工具的痴迷一直在损害我们的专业。这并不意味着在语言设计方面没有改进，而是大多数语言设计方面的工作似乎都集中在错误的事情上，比如句法上的改进，而不是结构上的改进。

当然，在早期，我们需要学习和探索什么是可能的、什么是有意义的。然而，自那以后，人们付出大量的努力，却只取得较小的进步。当弗雷德·布鲁克斯说没有 10 倍的提升时，他的论文的其余部分就集中在我们可以做什么来突破这个限制上：

> 人类能克服疾病的第一步，就是以细菌说淘汰了恶魔说和体液说，正是
> 这一步，带给了人类希望，粉碎了所有奇迹式的冀望。

> ……首先应该让系统运行起来,即使它除了调用一组合适的虚拟子程序之外,没有任何用处。然后,把它一点一点地充实起来,依次将子程序开发成具体操作或者调用下一级空的桩(stub)代码。
>
> 这些想法基于更深层、更深刻的思想,而非语言实现的琐碎细节。
>
> 这些问题更多地与我们学科的原理和一些基本原则的应用有关,无论技术的性质如何,这些基本原则都是适用的。

2.5　为什么工程很重要?

思考这个问题的另一种方式是,考虑如何着手制造对我们有帮助的东西。在人类历史的绝大部分时间里,我们创造的所有东西都是手工艺的产物。手工艺是创造事物的有效方法,但是它也有它的局限性。

手工艺非常擅长创造"一次性"物品。在手工艺生产系统中,每个物品必然都是独一无二的。从最纯粹的意义上讲,这适用于任何生产系统,但是手工艺方法尤其如此,因为其生产过程的精度和可重复性通常都很低。

这意味着单独制作的工件之间的差异更大。即使是最熟练的工匠创造出的物品,也只能达到人类的精准度和容忍度,这严重影响了手工艺系统可靠地再现事物的能力。格雷丝·霍珀(Grace Hopper)说:

> 对我来说,编程不仅仅是一门重要的实用艺术,它也是在知识的基础上进行的一项巨大的事业。

2.6　"工艺"的极限

我们通常会对手工艺产品产生情感。作为人类,我们喜欢与众不同,我们珍爱的、手工制作的东西体现了创造它的工匠的技能、爱和关怀,我们喜欢这种感觉。

然而,从根本上说,手工艺产品一般质量都不高。一个人,无论多么有才华,都不能像机器那么精确。

我们制造的机器能够操纵单个原子甚至亚原子粒子，但是如果有人手工制造的东西能够精确到毫米的十分之一，那么他一定具有非凡的天赋。[①]

在软件中这种精度有多重要呢？让我们想想程序在执行时会发生什么。人类可以在大约 13 毫秒的范围内感知变化；处理一幅图像或对某件事做出反应需要数百毫秒。[②]

在我撰写本书时，大多数现代消费级计算机的时钟周期约为 3GHz。现代计算机是多核并行操作指令系统，因此它们通常每个周期处理一条以上的指令，但是为简单起见，让我们粗略地把这个过程想象成，在寄存器间传送值、添加值或引用缓存中的值，每一条机器指令都需要一个时钟周期。

如果我们计算一下，在人类感知外部事件的绝对最短时间内，现代计算机可以处理多少条指令，这个结果约为 3900 万条指令！

如果把我们工作的质量限制在人类感知的尺度和精度上，我们充其量能以 1：（3900万）的比例对正在发生的事情进行取样。那么，我们错过什么的可能性有多大？

2.7　精度和可伸缩性

手工艺和工程之间的差异突出了工程的两个方面，这两个方面在软件环境中非常重要：精度和可伸缩性。

精度是显而易见的：通过应用工程技术，我们可以用比手工高得多的细节分辨率操纵事物。可伸缩性可能不那么明显，但却更为重要。工程方法不会像手工艺方法那样受到限制。

任何依赖于人类能力的方法，最终都会受到人类能力的限制。如果我致力于实现非凡的成就，我可能会学习画一条线，锉一块金属，或将汽车真皮座椅缝到不到一毫米的地方，但是无论我多么努力，无论我多么天赋异禀，人类肌肉和感官的精确程度是有限的。

然而，工程师可以创造机器，把东西造得更小、更精确。我们可以制造机器（工具）

---

① 原子的大小各不相同，但通常用数十皮米（1 皮米 = 1 × 10^{-12} 米）来度量。所以，人类最好的手工艺的精度也只有一台好机器的 1000 万分之一。

② 《实时有多快？人类感知与技术》（"How Fast is Real-time? Human Perception and Technology"），参见"PubNub"网站的"Blog"栏目。

来制造更小的机器。

这项技术既可以一直缩小到量子物理学的极限，也可以一直扩大到宇宙学的极限。至少在理论上，没有什么能阻止我们，通过对工程的应用，操纵原子和电子（就像我们已经做到的那样），或者操纵恒星和黑洞（就像我们总有一天可能做到的那样）。

更清楚地说，在软件方面，如果我们非常熟练，训练非常刻苦，我们或许可以足够快地输入文本并单击按钮，以我们可以想象的速度来测试我们的软件。这样，在几分钟内，我们就可以完成一次测试。为了便于比较，假设我们每分钟可以对软件测试一次（这个速度，我不认为我自己能够保持很长时间）。

如果我们能够每分钟运行一次测试，那么与计算机相比，它的测试速度会是我们的数十万甚至数百万倍。

我曾经构建的系统，在大概 2 分钟内，运行了大约 30000 个测试用例。我们本可以进一步地扩大规模，但没有理由这么做。谷歌公司声称每天运行约 1.5 亿次测试，这相当于每分钟测试约 104167 次。[①]

我们不仅可以用计算机以比人类快几十万倍的速度进行测试，而且只要我们的计算机有电，我们就可以保持这样的速度。这就是可伸缩性！

2.8 管理复杂性

还有另一个方面，工程可以扩大规模，而手工艺则不然。工程思维倾向于引导我们把问题划分开来。在 19 世纪 60 年代美国南北战争之前，如果你想要一把枪，你得去找造枪工。造枪工是个工匠，而且他通常是一个男人！

造枪工会为你制造一整把枪。他会了解这把枪的方方面面，而且这把枪对你来说是独一无二的。他可能会给你一个子弹的模具，因为你的子弹和别人的不一样，而且是你的枪专用的。如果你的枪有螺丝钉，那么几乎每一个螺丝钉都一定会与其他所有螺丝钉不同，因为它是手工制作的。

美国南北战争在当时是空前的，它是第一次大规模生产枪械的战争。

有一个故事，一个人想把步枪卖给美国北方各州。他是一个革新者，而且似乎也有

---

① 《谷歌持续集成测试现状》（"The State of Continuous Integration Testing at Google"）。

点儿喜欢出风头。他前往美国国会，为北方各州的军队争取制造步枪的合同。

他随身带了一袋子步枪零部件。在向美国国会议员们做报告时，他把这袋零部件倒在了地板上，并请美国国会议员们从这一堆零部件中挑选。他用那些被选出的零部件组装了一支步枪，赢得了合同，并进行了大规模生产。

这是第一次有可能实现这种标准化。为了让它成为可能，需要经历许多事情。机器（工具）必须经过设计，以使其重复制造出来的组件在一定的公差范围内彼此相同。其设计必须是模块化的，以便组件能够被组装起来，等等。

结果是毁灭性的。美国南北战争实质上是"第一次现代战争"。成千上万的人因为武器的大规模生产而丧生。这些武器比以前的武器更便宜，更容易维护和修理，也更精准。

这一切都是因为武器被设计、制造得更加精确了，同时也是因为武器的数量更多了。生产过程可以降低对技能的要求，并且可以扩大规模。工厂里的机器可以让技能不高的人制造出的步枪与大师制造的步枪精度相当，反而不再需要能工巧匠来制造每一件武器。

后来，随着工具、生产技术以及对工程的理解和行为规范的增加，机器大规模生产的武器质量和生产效率甚至超过了最伟大的工匠大师，而且价格几乎是任何人都能负担得起的。

一个简单的观点可能将其解释为需要"标准化"，或者需要采用"软件的大规模生产"，但这再次混淆了我们的问题的根本性质。这与生产无关，而与设计有关。

如果我们像美国南北战争时期的武器制造商那样设计一款模块化和组件化的枪，那么我们就能够更独立地设计枪的各个部分。从设计的角度来看，而不是从生产工程或制造的角度来看，我们已经改进了对制造枪支的复杂性的管理。

在这一步之前，如果想要改变设计的某些方面，枪械大师需要考虑整把枪。通过将设计组件化，美国南北战争的制造商可以探索增量式更改，来一步一步地提高他们的产品质量。埃茨格尔·迪克斯特拉（Edsger Dijkstra）说：

> 编程的艺术就是组织复杂性的艺术。

2.9 测量的可重复性和准确性

工程的另一个常见的方面是可重复性，有时人们拒绝将工程思想用于软件领域，就是因为这一点。

如果我们能够造出一台机器,可靠又准确地复制螺母和螺栓,我们就能大量生产它们,生产出来的所有螺栓的复制品都能和任一螺母的复制品配合使用。

这是一个生产问题,并不真正适用于软件。然而,支持这种能力的更基本的思想适用于软件。

为了制造螺母和螺栓,或者其他需要可靠地协同工作的任何东西,我们需要能够以一定的精度来测量。在任何学科中,测量的准确性都是工程的一个有利方面。

让我们想象一下一个复杂的软件系统。它在运行了几周后,假设系统出现故障。系统重新启动,两周后又以大致相同的方式出现故障,形成了一种模式。与注重工程的团队相比,注重工艺的团队会如何应对这种情况呢?

工艺团队可能会决定,他们需要的是更彻底地测试软件。因为他们是从工艺的角度来思考的,所以他们想要的,是清楚地观察失败。

这并不愚蠢,在这种情况下,这是有道理的。但如何做到呢?对于这类问题,我见过最常见的解决方案是创建一种称为**浸泡测试**[1]的东西。浸泡测试的运行时间会比两次故障之间的正常运行时间长一些,比如在我们的例子中假设它的运行时间是 3 周。有时人们会试图缩短浸泡时间,以便在较短的时间内模拟出问题,但通常行不通。

测试开始运行,两周后,系统出现故障,最终发现并修复 bug。

除了这一策略,还有其他选择吗?有!

浸泡测试可用于检测某种形式的资源泄漏。有两种方法可以检测泄漏:你可以等待泄漏变得严重;你也可以提高测量的精度,以便在泄漏变成灾难之前及早发现。

我的厨房最近漏水了,漏水点在一根埋在混凝土里的管子上。一旦混凝土被浸透到足以让水开始在其表面形成小水洼时,我们就检测到了泄漏。这就是"显而易见"的检测策略。

我们请了一位专业人士来帮我们修补漏洞。他带来了一个工具,一个工程化的解决方案。那是一个高度敏感的麦克风,用来"监听"地下泄漏的声音。

使用这个工具,他可以探测到埋在混凝土里的管子里的水在泄漏时发出的微弱的嘶嘶声,其超人类精度足以让他在数厘米内确定位置,然后挖出一条小沟,找到有破损的管子。

---

[1] 业界也称之为烤机测试或长时间稳定性测试。——译者注

所以回到我们的例子：注重工程的团队将进行准确的测量，而不是等待糟糕的事情发生。他们将测试软件的性能，在漏洞成为问题之前检测到它们。

这种方法有多重好处。这不仅意味着，生产中的灾难性故障在很大程度上是可以避免的，而且也意味着，我们可以非常快地得到问题的指示，以及关于系统健康的有价值的反馈。无须进行长达数周的长时间稳定性测试，注重工程的团队可以在系统的常规测试中检测泄漏，并在几分钟内得到结果。戴维·帕纳斯（David Parnas）说：

> 软件工程常被视为计算机科学的一个分支，这类似于把化学工程看作化学的一个分支。我们需要化学家和化学工程师，但他们是不同的。

2.10 工程、创造和工艺

为了从总体上考虑工程，特别是软件工程，几年来我一直在探索其中的一些思想。我曾在软件会议上关于这个话题发表过演讲，偶尔也会在博客上写一些关于这个话题的文章。

有时我会从软件工艺思想的拥护者那里得到反馈，这种反馈通常是这样的："在放弃工艺的过程中，你正在丢失一些重要的东西。"

软件工艺的思想很重要，它代表着从之前的大动干戈的、以生产为中心的软件开发方法中迈出的重要的一步。我的观点不是说软件工艺是错误的，而是说这还不够。

在某种程度上，这些争论开始于一个不正确的前提，一个我已经提到过的前提。许多软件工匠都犯了一个常见的错误，即认为所有的工程都是为了解决生产问题。我已经讲过这个问题，如果我们的问题是"设计工程"，那么与"生产工程"相比，这是一门非常不同的、更具探索性和创造性的学科。

然而，除此之外，与我交谈的软件工匠们担心的是丢掉由软件工艺带来的好处——集中在以下几点：

- 技能；
- 创造力；
- 创新自由；

- 学徒计划。

这些要素对任何有效的、专业的软件开发方法来说都很重要。然而,它们并不局限于基于工艺的方法。软件工艺是改进软件开发的一个重要步骤,它把重点重新放在了重要的事情上,以上列出的就是一些重要的事情。

20 世纪 80 年代和 90 年代,这些要素曾经消失,或者至少被替代,因为人们试图将某种以生产为中心的指挥控制方法强制应用到软件开发中。这是一个糟糕的想法,因为,虽然瀑布式流程和思维在步骤可理解、可重复和可预测的问题中占有一席之地,但是这与软件开发的现实几乎没有关系。

软件工艺更适合真正的软件开发问题。

基于工艺的解决方案,不像基于工程的解决方案那样具有可伸缩性。

工艺可以生产好东西,但是只能在一定的范围内。

几乎所有人类努力尝试过的工程学科都做到了提高质量、降低成本,而且普遍能提供更健壮、更有弹性和更灵活的解决方案。

把技能、创造力和创新等概念仅仅与工艺联系在一起,是一个很大的错误。总的来说,工程师们——当然也包括设计工程师们,在任何时候都充分展示着所有这些品质。这些属性是设计工程过程的核心。

因此,用工程方法解决问题,无论如何都不会降低技能、创造力和创新的重要性。如果有什么区别的话,那就是它增强了对这些属性的需求。

至于培训,我想知道那些拥护软件工艺的朋友们是否相信,一个刚毕业的工程师离开大学后,会有人马上给他一个任务,让他负责设计一座新桥或一架航天飞机吗?当然不会!

一个工程师在职业生涯之初,会与更有经验的工程师一起工作。他将会学习他们的学科中、他们的工艺中实际的东西,甚至可能比手艺人要学得还多。

我看不出工艺和工程之间有什么矛盾。如果你从合理的、正式的角度来看一门手艺,从行会、学徒、技工到大师工匠,工程真的就是这之后的下一步。继 17 和 18 世纪的启蒙思想之后,随着科学理性主义的兴起,工程确实在精度和测量上提升了工艺。工程是工艺的后代,它比工艺更具可伸缩性、更有效。

如果你用更通俗的定义来定义工艺——想想手工艺品集市,就没有质量或进步的真正标准。所以工程也许更像是一种飞跃。

工程，特别是工程思维在设计中的应用，是我们的高科技文明和之前的农业文明的真正区别。工程学是一门学科，它使我们能够处理极其复杂的问题，找到简明、高效的解决方案。

当我们将工程思维的原理应用到软件开发时，我们在质量、生产力和解决方案的适用性方面都看到了可测量的显著提升。①

2.11　为什么我们所做的不是软件工程

2019 年，埃隆·马斯克（Elon Musk）的公司 SpaceX 做出了一项重大决定，即致力于研制航天器，为了有朝一日可以让人类在火星上生活和工作，并探索太阳系的其他部分。2019 年，该公司将建造星际飞船的材料从碳纤维改成不锈钢。碳纤维是一个非常激进的想法，他们做了很多工作，包括用这种材料建造燃料箱原型。不锈钢也是一个激进的选择，由于铝质轻而强度大，大多数火箭都是用铝制造的。

SpaceX 公司选择不锈钢而不是碳纤维或铝的原因有三：每千克钢的成本明显更低；钢的高温性能优于铝，可以应对重返地球大气层的温度；钢的低温性能显著优于另外两种选择。

碳纤维和铝在极低温和极高温下性能明显比钢弱。

你上一次听到有人为一个与软件构建相关的决策做出类似的解释是什么时候？这样的解释听上去甚至含糊不清。

这就是工程决策的样子。这些决策是以理性的标准，即特定温度下的强度或经济影响为依据的。这仍然是实验性的，仍然是迭代的，仍然是经验主义的。

你根据眼前的证据和你的理论做出决策，然后测试你的想法，看看它们是否可行。这不是一个完全可以预测的过程。

SpaceX 公司建造了测试结构，然后先用水再用液态氮对其加压，这样就可以测试材料（钢）及其制造工艺的低温性能。设计工程是一种深入探索获取知识的方法。

---

① 《加速：企业数字化转型的 24 项核心能力》一书中讲述了，开发方法更加规范的团队如何比那些开发方法不规范的团队"多花 44% 的时间在新工作上"。

2.12　权衡

　　几乎所有的工程都是一场优化和权衡的游戏。我们试图解决一些问题，就不可避免地要面临选择。在建造火箭的过程中，SpaceX 公司最大的权衡之一是在强度和重量之间。这是飞行器的常见问题，实际上也是大多数交通工具的常见问题。

　　了解我们面对的权衡，对制定工程决策来说，是一个至关重要的基本方面。

　　如果我们让系统更安全，它将更难以使用；如果我们让它更分布式，我们就会花更多的时间整合它收集的信息。如果我们增加更多的人员来加速开发，我们将增加通信开销、耦合和复杂性，所有这些都会让我们慢下来。

　　在软件生产过程中，从整个企业系统到单个功能的每个粒度上，必须考虑的关键权衡之一就是耦合。（我们将在第 13 章对此进行更详细的探讨。）

2.13　进步的错觉

　　我们这个行业的变化程度令人印象深刻，但我的论点是，这种变化中的大部分其实并不显著。

　　当我写这本书时，我正在参加一个以无服务器计算（serverless computing）①为主题的会议。向无服务器系统发展是件有趣的事情，然而，由亚马逊网络服务（Amazon Web service，AWS）、微软 Azure、谷歌或其他任何云服务平台提供的工具包之间的差异并不重要。

　　如果决定采用无服务器方法，将对系统的设计产生一些影响。在哪里存储状态？在哪里操作它？如何划分系统功能？当设计单元是一个函数时，如何组织和导航复杂系统？

　　无论你努力尝试的是什么，对你的努力能否成功来说，这些问题远比如何指定一个函数、如何利用平台的存储或安全特性这样的细节有趣得多，也重要得多。然而，我在

---

① 无服务器计算是一种基于云的提供"功能即服务"（functions as a service）的方法。函数是唯一的计算单元，运行它们的代码是按需启动的。

这个主题上看到的几乎所有演讲都是关于工具的，而不是关于系统设计的。

这就好比我是一名木匠，只告诉我槽螺钉和十字螺钉之间的重要区别，但是不告诉我螺钉的用途，什么时候使用它们，以及什么时候选择钉子。

无服务器计算的确代表了计算模型向前迈进的一步，我不怀疑这一点。本书中的观点会帮助我们判断哪些思想是重要的，哪些不是。

无服务器之所以重要有几个原因，但首要的是，它鼓励采用更加**模块化的方法**进行设计，以便更好地做到**关注点分离**，尤其是在数据方面。

无服务器计算将计算从"每字节成本"转变成"每 CPU 周期成本"，以此改变了系统的经济性。这意味着，或者说应该意味着，我们需要考虑类型大不相同的优化。

就系统优化而言，与其用规范化数据存储来实现存储最小化，我们或许应该接受一种真正的分布式计算模型，使用非规范化存储和最终一致性模式。这些东西之所以重要，是因为它们会影响到我们创建的系统的模块化。

工具的重要性只取决于它们在一些更基本的事情上"做出改变"的程度。

2.14　从工艺到工程的旅程

重要的是不要轻视工艺的价值，对细节的关心和关注是创造高质量作品的必要条件。同样重要的是，不要忽视工程的重要性，它提高了工艺产品的质量和效用。

制造出可控制的、比空气重的可控飞行器的开拓者，是莱特（Wright）兄弟。他们是优秀的工匠，也是优秀的工程师。他们的大部分工作基于经验的累积，但他们也对设计的有效性进行了真实的研究。他们不仅是建造飞行器的开拓者，也是建造风洞来测量机翼设计有效性的开拓者。

机翼有着非凡的结构，莱特兄弟的建造是巧妙的，尽管以现代标准来看非常粗糙。它由木头和铁丝制成，上面覆盖着拉紧的布，用香蕉油做防风材料。

以早期开拓者的工作为基础，机翼和风洞推进了他们对空气动力学基本理论的理解。然而，莱特兄弟的飞行器，特别是机翼，主要是经过反复尝试和犯错的过程建造出来的，而不是纯粹的理论设计。

在现代人看来，它更像是工艺而非工程的产物。这在一定程度上是正确的，但并非完全正确。许多人尝试过用工艺的方法来建造"飞行器"，但都失败了。莱特兄弟成功的一个重要原因是他们运用了工程学。他们计算，创造并使用测量和研究工具。他们控制变量，以便加深理解并完善飞行模型。接着他们创造模型、滑翔机和风洞部件来测试，然后进一步增进理解。他们的创建原理并不完美，但他们不仅在实践上有所改进，而且在理论上也有所改进。

当莱特兄弟实现了比空气重的可控飞行器时，他们对空气动力学的研究让他们制造出了滑翔比[①]为 8.3∶1 的飞行器。

与现代飞机的机翼相比，比如现代滑翔机的机翼：莱特飞行者（Wright Flyer）的机翼是低弧度（缓慢的高升力翼型）的，用现代的标准衡量，它很重，尽管在当时这还算是轻结构。它使用简单的天然材料，实现了 8.3∶1 的滑翔比。

通过工程学、经验性发现和实验，以及材料科学、空气动力学理论的完善、计算机建模等，一架现代滑翔机拥有碳纤维、大展弦比的机翼。这样的机翼经过优化，重量轻，强度高，在它产生升力时，你可以清楚地看到它的弯曲。它的滑翔比可以达到 70∶1 以上，几乎是莱特飞行者的 9 倍。

2.15　只有工艺还不够

工艺很重要，特别是当你所说的**工艺**真的意味着创造力时。我们的学科是极具创造性的，但工程也是如此。我相信，工程实际上是人类创造力的最高境界。如果我们想在软件领域创造出伟大的作品，这种思维正是我们所需要的。

2.16　是时候反思了？

软件工程作为一门学科，其发展并没有真正达到许多人的期望。软件已经改变了而且正在改变世界。虽然已经有了一些出色的作品，并构建了一些创新的、有趣的、令人

---

① 滑翔比是衡量飞行器效率的一个标准。这个比例是行驶距离和高度损失之间的比例。例如，飞机在（无动力）滑翔中，每下降 1 米，它将向前移动 8.3 米。

兴奋的系统，但对许多团队、组织和个人开发者来说，如何成功甚至如何取得进展并不总是清晰的。

我们的行业充斥着原理、实践、流程和技术，围绕着最佳编程语言、架构方法、开发流程和工具，存在着技术信念之争。人们似乎都不太确定，我们这个专业的目标和策略是什么或者应该是什么。

现代团队正在与设计的进度压力、质量和可维护性做着斗争。他们常常难以确定用户真正感兴趣的想法，他们没有时间去了解问题领域、技术，也没有机会将优秀的东西投入生产环境。

组织通常很难从软件开发中得到他们想要的东西。他们经常抱怨开发团队的质量和效率。他们想要帮助团队克服这些困难，但他们经常误解自己所能做的事情。

与此同时，我发现专家们在一些基本观点上有着相当深的共识，我很重视他们的观点，但这些观点通常都没有表述清楚，或者至少不够清楚。

也许是时候该重新思考一下这些基本观点是什么了。我们这门学科通用的原则是什么？哪些思想将会在未来几十年里依然适用，而不仅仅对当前这一代的技术工具适用？

软件开发不是一个简单的任务，也不是一个同构任务。然而，有一些思想是通用的。有一些思考、管理、组织和实践软件开发的方法，这些方法对于工作中所有这些有问题的方面，都有着显著的甚至戏剧性的影响。

本书的其余部分将探讨这些通用的思想，并提供一个对所有软件开发都应该通用的基本原则列表，无论问题领域是什么，无论工具是什么，无论商业或质量需求是什么。

在我看来，本书中的观点代表了我们努力追求的本质上的深层次、根本性的东西。

当我们做对了这些事情，并且许多团队都做对了的时候，我们会看到团队成员的工作效率更高、压力更小、倦怠感更少、设计质量更高，我们创造的系统也更有弹性。

我们建立的系统更能取悦用户。我们发现生产环境中的 bug 大大减少，而采用这些思想的团队发现，随着学习的逐渐推进，在他们工作的系统中，对几乎任何一个方面的改变都明显变得更容易了。这样做的最终结果通常是，以这种方式实践的组织获得了更大的商业成功。这正是**工程**的标志。

工程增强了我们的创造力来制造有用的东西，并让我们带着信心和质量前进。它让我们能够探索各种想法，并最终增强我们的创造能力，因此我们可以构建越来越大、越来越复杂的系统。

我们正处于真正的软件工程学科的诞生阶段，如果我们抓住这个机会，我们就可以开始改变软件开发实践、组织和教学的方式。

这很可能需要一代人来实现，但对我们受雇的组织和整个世界都具有巨大的价值，因此我们必须尝试。如果我们可以更快速、更经济有效地构建软件，会怎么样？如果软件质量更高、更容易维护、适应性更强、更有弹性、更符合用户的需求，又会怎么样？

2.17 小结

在软件领域，我们在某种程度上重新定义了**工程**。当然，在某些圈子里，我们已经把工程看作一种不必要的、繁重的、妨碍"真正软件开发"的累赘。真正的工程在其他学科中不是这些东西。其他学科的工程师进展更快，而不是更慢，他们创造的是更高质量的作品，而不是更低质量的作品。

当我们开始采用一种实用的、合理的、轻量级的、科学的软件开发方法时，我们看到了类似的好处。软件工程会是软件所特有的，但它同样会帮助我们更快地构建更好的软件，而不是妨碍我们如此。

第 **3** 章

工程方法的基本原理

不同学科中的工程各不相同。桥梁建设不同于航空航天工程，也不同于电气工程或化学工程，但所有这些学科都有一些共同的思想。它们都坚定地立足于科学理性主义，并采用务实的、经验主义的方法来取得进步。

如果我们想要实现我们的目标，即尝试定义一个组合在一起可以称之为**软件工程**的持久的思想、理念、实践和行为的集合，那么这些思想、理念对于软件开发的现实必须是相当基本的，并且在面对变化时是健壮的。

3.1　变革的行业？

我们经常谈论我们行业的变化。我们对新技术和新产品感到兴奋，但这些变化真的会"改变"软件开发吗？让我们从中得到锻炼的许多变化，似乎并不像我们有时认为的那样会产生很大的影响。

我最喜欢的一个例子是由克里斯廷·戈尔曼（Christin Gorman）在一次会议演讲[1]中所演示的。在这次演讲中，克里斯廷演示了在使用当时流行的开源对象关系映射库（object relational mapping library）Hibernate 时，在实现等效行为时，实际上编写的代码要比用 SQL 编写的更多，至少在主观上是这样的；SQL 也更容易理解。接着，有趣的是，克里斯廷将软件开发与制作蛋糕进行了对比。你是用混合好的蛋糕粉做蛋糕，还是选择新鲜的原料从头开始做？

我们行业中的许多变化都是短暂的，不会带来任何改进。有些变化实际上会让事情变得更糟，比如 Hibernate 的例子。

在我的印象中，我们的行业一直在努力地学习，挣扎着进步。这种相对缺乏提升的现象，已经被运行代码的硬件取得的惊人进步所掩盖。

我并不是在暗示软件领域没有进步——绝非如此，但是我确实相信，进步的速度比我们许多人想象的要慢得多。想一想，你职业生涯中哪些变化对你思考和实践软件开发的方式产生了重大影响？哪些理念对你所能解决的问题的质量、规模或复杂性产生了影响？

这个清单比我们通常认为的要短。

例如，在我的职业生涯中，我使用过大约 15 到 20 种不同的编程语言。虽然我有自己的偏好，但在语言上只有两个变化从根本上改变了我对软件和设计的看法。

这两个变化就是，从汇编到 C，从过程式编程到面向对象编程。在我看来，单个语言不如编程范式重要。这两个变化代表了在代码编写中可以处理的抽象层次的重大改变。二者中任何一个变化都代表着我们可以构建的系统复杂性的阶段性改变。

当弗雷德·布鲁克斯写道没有数量级的收获时，他忽略了一些东西。可能不会有 10 倍的收获，但肯定会有 10 倍的损失。

我见过一些组织被他们的软件开发方法所束缚，有时是因为技术，更多的是因为过程。我曾经给一个大型组织做过咨询，这个组织已经超过 5 年没有发布任何软件到生产环境中了。

我们不仅发现学习新思想很困难，甚至发现要抛弃旧思想几乎是不可能的，无论它们已经变得多么不可信。

---

[1] 资料来源："Hibernate 之于程序员就像蛋糕混合物之于面包师：有损他们的尊严"（"Hibernate should be to programmers what cake mixes are to bakers: beneath their dignity"），作者：克里斯廷·戈尔曼。

3.2 度量的重要性

我们发现很难抛弃糟糕思想的原因之一是，我们没有真正有效地衡量过我们在软件开发中的表现。

大多数用于软件开发的度量[①]标准，要么是无关紧要的（速度），要么有时候是完全有害的（代码行数或测试覆盖率）。

在敏捷开发圈中，长期以来人们一直认为，对软件团队或项目绩效进行度量是不可能的。2003 年，马丁·福勒（Martin Fowler）在他被广为浏览的"Bliki"网站上发表了一篇关于这方面的文章。[②]

福勒的观点是正确的，对于生产力，我们没有一个合理的度量标准，但这并不意味着对于任何有用的东西我们都不能度量。

妮科尔·福斯格伦、耶斯·亨布尔和吉恩·金在"DevOps 状态"报告[③]和他们的书《加速：企业数字化转型的 24 项核心能力》[④]中所做的有价值的工作，代表着在有能力做出更强有力、更基于证据的决策方面向前迈出了重要的一步。他们提出了一个有趣且引人注目的模型，用于对软件团队的效能进行有效的度量。

有趣的是，他们并不试图度量生产力。相反，他们基于两个关键属性来评估软件开发团队的效能，然后将这两个度量标准用作预测模型的一部分。他们不能证明这两个度量标准与软件开发团队的效能之间存在因果关系，但是他们可以证明它们在统计上的相关性。

这两个度量标准是**稳定性**（stability）和**吞吐量**（throughput）。具有高稳定性和高吞吐量的团队被归类为"高效能团队"，而在这两个度量标准上得分较低的团队则被归类为"低效能团队"。

有趣的部分是，如果你分析这些高效能和低效能团队的活动，就会发现它们始终

---

① 软件工程的业内人士一般称"测量"为"度量"。——译者注
② 资料来源：《无法度量生产力》（"Cannot Measure Productivity"），作者：马丁·福勒。
③ 资料来源：妮科尔·福斯格伦、耶斯·亨布尔、吉恩·金。
④ 《加速：企业数字化转型的 24 项核心能力》一书中讲述了，开发方法更加规范的团队如何比那些开发方法不规范的团队"多花 44% 的时间在新工作上"。

是相关的。高效能团队有共同的行为。同样，如果我们观察一个团队的活动和行为，我们就可以预测它在这两个度量标准上的得分，这也是相关的。有些活动可以用来预测相应水平上的效能。

例如，如果你的团队采用自动化测试（test automation）、主干开发（trunk-based development）、自动化部署（deployment automation）以及大约 10 个其他实践，那么他们的模型会预测你们将实施**持续交付**。如果你们实施持续交付，该模型将会预测你们在软件交付能力和组织表现方面是"高效能的"。

或者，如果我们观察那些被视为高效能团队的组织，那么一定会有行为是他们共有的，比如持续交付和组织小团队。

总之，稳定性和吞吐量的度量标准为我们提供了一个模型，我们可以用它来预测团队的成果。

稳定性和吞吐量分别通过两个度量标准进行跟踪。

稳定性根据以下因素进行跟踪。

- **变更失败率**：在过程中的某个特定点，变更引入缺陷的比率。
- **服务恢复时间**：在过程中某个特定点的故障恢复时间。

度量稳定性很重要，因为它实际上度量的是完成的工作质量。它没有说明团队是否在构建正确的东西，但是它的确能够度量他们在交付具有质量可度量的软件方面的效能。

吞吐量根据以下因素进行跟踪。

- **变更前置时间**：开发过程效率的度量标准。单独的一次变更所经历的从"想法"到"软件有效运行"需要多长时间？
- **部署频率**：速度的度量标准。多长时间把变更部署到生产环境中一次？

吞吐量度量的是团队以软件有效运行的形式交付想法的效率。

一次变更需要多长时间能够交付给用户，多久实现一次？除此之外，这对一个团队来说象征着学习的机会。一个团队可以抓不住这些机会，但是如果在吞吐量上没有一个好的分数，任何团队的学习机会都会减少。

这些都是开发方法的技术性度量标准。它们回答的问题是"我们的工作质量如何？"和"我们能以多高的效率完成这种质量的工作？"。

这些都是有意义的概念，但还是有缺口的。它们没有说明我们是否在构建正确的东西（除非我们正在正确地构建），但不会仅仅因为它们的不完美就降低它们的效用。

有趣的是，我在上文描述的相关模型，比预测团队规模和是否应用持续交付更进了一步。《加速：企业数字化转型的 24 项核心能力》一书作者们的数据显示，这些数据与更重要的事情有着显著的相关性。

例如，基于这个模型，由高效能团队组成的组织比那些没有高效能团队的组织赚的钱更多。有数据表明，在开发方法与实施该方法的公司的商业成果之间存在相关性。

它还进一步打破了一种普遍持有的观点，即"你可以拥有速度或质量，但两者不能兼而有之"。这个观点显然是不正确的。在这项研究的数据中，速度和质量显然是相关的。提高速度的途径是构建高质量的软件，提高软件质量的途径是提高反馈的速度，而提高这两者的途径是伟大的工程。

3.3 应用稳定性和吞吐量

在这些度量标准中良好的分数与高质量成果的相关性是很重要的。这为我们提供了一个机会，用这些度量标准来评估我们的过程、组织、文化或技术的变更。

例如，想象一下，我们关心软件的质量。我们该如何改进它呢？我们可能决定改变我们的流程。让我们来增加一个变更审批委员会。

显然，额外的审查和签核将对吞吐量产生不利的影响，而且此类更改将不可避免地减慢流程。然而，稳定性增加了吗?

对于这个特定的例子，是有数据的支持的。也许令人惊讶的是，变更审批委员会并没有提高稳定性。而且，放慢流程确实对稳定性产生了不利影响。

> 我们发现，外部审批与变更前置时间、部署频率和恢复时间呈负相关，与变更失败率无相关性。简而言之，外部主体（如经理或变更审批委员会）的审批显然无法提高生产系统的稳定性，这是根据服务恢复时间和变更失败率来度量的。然而，它确实减慢了速度。事实上，这比没有改变审批流程更糟糕。[①]

这里，我真正的目的不是取笑变更审批委员会，而是表明基于证据而非猜测做出决策的重要性。

---

① 《加速：企业数字化转型的 24 项核心能力》，作者：妮科尔·福斯格伦、耶斯·亨布尔、吉恩·金，2018 年。

变更审批委员会并不是一个明显的坏主意。它听上去是合理的，而且事实上，这就是许多也可能是大多数组织试图管理质量的方法。问题是它不起作用。

没有有效的度量，我们不能说它不起作用，我们只能猜测。

如果我们开始运用更加基于证据的、科学理性的方法来做决策，你就不应该相信我的话，或者福斯格伦和她的合著者们的话，不管是在这个问题上还是在其他任何问题上。

相反，你可以在你的团队中为自己进行度量。度量现有方法的稳定性和吞吐量，无论它是什么。做出变更，无论它是什么。这个变更会改变这两个度量标准中的任何一个值吗？

你可以在《加速：企业数字化转型的 24 项核心能力》这本优秀的书中读到更多关于这个相关模型的内容，书中描述了度量方法和随着不断研究而逐步进化的模型。我的目的并不是复述这些思想，而是指出这对我们行业的重要影响，甚至可能是深远的影响。**我们终于有了一个有用的标尺。**

我们可以使用这个稳定性和吞吐量模型来度量任何一次变更的结果。

我们可以看到组织、过程、文化和技术变化的影响。"如果我采用这种新语言，它会增加我的吞吐量或稳定性吗？"

我们也可以使用这两个度量标准来评估过程的不同部分。"如果我有大量的手动测试，肯定会比自动化测试慢，但这能提高稳定性吗？"

我们仍然需要仔细思考。我们需要考虑结果的意义。如果某些东西降低了吞吐量但却增加了稳定性，这意味着什么？

尽管如此，拥有有意义的度量标准，让我们能够评估行动，对于采用更加基于证据的决策方法是重要的，甚至是至关重要的。

3.4 软件工程学科的基础

那么，这些基本思想是什么呢？什么样的思想是我们可以期待在 100 年的时间内都是正确的，而且无论我们的问题是什么，也不管我们的技术是什么，它们都是适用的呢？

这些基本思想有两种分类方式：一类从过程甚或理论方法的角度划分，另一类从技术或设计的角度划分。

更简单地说，我们的学科应该专注于两个核心能力。

我们应该成为**学习专家**。我们应该认识到并接受我们的学科是一门创造性设计学科，与生产工程没有任何有意义的关系，应该专注于掌握探索、发现和学习的技能。这是科学推理方式的实际应用。

我们还需要专注于提高管理复杂性的技能。我们构建的系统不是我们的头脑可以容纳的，我们构建大规模的系统，有大量的人参与其中。我们需要成为**管理复杂性的专家**以应对这一问题，无论是在技术层面上，还是在组织层面上。

3.5 学习专家

科学是人类解决问题的最佳手段之一。如果我们想要成为学习专家，我们需要采用并精通实用的、有科学依据的方法来解决问题，这也是其他工程学科的精髓。

我们解决问题的方法必须适合我们的问题。软件工程不同于其他形式的工程，它对于软件是特有的，就像航空航天工程不同于化学工程一样。我们解决软件问题的方法，需要是实用的、轻量级的和普遍的。

在被我们许多人认为是行业思想领袖的人们当中，关于这个话题有相当多的共识。尽管这些概念众所周知，但是作为我们如何着手处理大部分软件开发的基础，目前它们还没有被普遍使用，甚至没有被广泛实践。

在该类中，有 5 个相互关联的原则：

- 迭代式工作；
- 运用快速、高质量的反馈；
- 增量式工作；
- 实验性；
- 经验主义。

如果你以前没有考虑过这一点，那么这 5 个原则可能看起来很抽象，而且似乎与软件开发的日常活动相脱节，更不用说软件工程了。

软件开发是一项探索和发现的活动。我们一直在努力尝试更多地了解客户或用户想要从系统中得到什么，如何更好地解决我们遇到的问题，以及如何更好地运用我们掌握的工具和技术。

我们意识到，我们已经错过了一些东西，必须要弥补。我们学会了如何组织自己更好地工作，也学会了更深刻地理解我们正在处理的问题。

学习是我们所做的一切事情的核心。这些原则是所有有效的软件开发方法的基础，而且它们还排除了一些不太有效的方法。

例如，瀑布式开发方法就没有展示这些特性。然而，这些原则都与软件开发团队的高效能相关，并且几十年来一直是成功团队的标志。

本书第 2 部分将从实践的角度更深入地探讨上述 5 个原则：我们应如何成为学习专家，以及我们应如何将其应用到日常工作中？

3.6　管理复杂性的专家

作为一名软件开发人员，我从软件开发的角度看待世界。因此，我对软件开发中的失败及其周围文化的看法，在很大程度上是从两个信息科学概念——并发和耦合的角度来思考的。

做到并发和耦合通常是困难的，不仅仅是在软件设计方面。所以，这两个概念从我们的系统设计中渗透出来，影响我们所工作的组织的运作方式。

你可以用像康威定律（Conway's law）[1]这样的观点来解释这一点，但康威定律更像是这些更深层真理的突现特性。

你可以从更技术的角度来思考这个问题。人类组织就像任何一个计算机系统一样，也是一个信息系统。几乎可以肯定，它更加复杂，但基本思想是相同的。从根本上来说，很难的事情，比如并发和耦合，在人们的现实世界中也是很难做到的。

如果我们想要构建比简单的玩具编程习题更复杂的系统，我们就需要认真对待这两个概念。我们需要在构建系统的过程中管理系统的复杂性，如果我们想要在超过单个小型团队的任何规模的团队中实现这一点，我们既需要管理组织信息系统的复杂性，也需要管理更具技术性的软件信息系统的复杂性。

---

[1] 1967 年，马尔文·康威（Mervin Conway）观察到，"任何组织设计一个系统（广义上的定义）所产生的设计，其架构都是该组织沟通结构的副本。"

作为一个行业，在我的印象中我们对这两个概念的关注太少，以至于所有花时间研究软件的人都熟悉以下结果："大泥球"系统、失控的技术债务、严重 bug 数，以及害怕对自己拥有的系统进行更改的组织。

我认为所有这些都是团队对他们正在开发的系统的复杂性失去控制的表现。

如果你正在开发一个简单的、一次性的软件系统，那么它的设计质量就不那么重要。如果你想要构建更复杂的东西，那么你必须将问题分解，以便你可以分别考虑它的各个部分，而不会被复杂性压倒。

在哪里画线取决于很多变量：你要解决的问题的性质，你使用的技术，在某种程度上甚至可能是你有多聪明。但是如果你想要解决更难的问题，你必须画这些线。

当你开始接受这个思想时，我们正在讨论的思想会对我们所创造的系统的设计和架构有很大的影响。在上一段文字中，我有点儿担心提到"聪明"作为一个参数，但它的确是。我担心的问题是，我们大多数人都高估了用代码解决问题的能力。

这是我们可以从对科学的非正式理解中学到的许多经验之一。最好一开始就假设我们的想法是错误的，然后按照这个假设去做。因此，我们应该更加警惕我们所构建的系统中潜在的复杂性爆炸，并在我们取得进展时，认真谨慎地对其进行管理。

该类中也有 5 个概念。这些概念彼此密切相关，并且与成为学习专家所涉及的概念也有联系。不管怎样，只要我们打算以结构化的方式为任何一个信息系统管理复杂性，这 5 个概念都值得考虑：

- 模块化；
- 内聚力；
- 关注点分离；
- 信息隐藏和抽象；
- 耦合。

我们将在第 3 部分更深入地探讨以上这 5 个概念。

3.7 小结

我们行业的工具往往不像我们想象的那样。我们使用的语言、工具和框架，会随着时间和项目的变化而变化。促进我们学习和让我们能够处理我们创造的系统复杂性的思想，才是我们行业真正的工具。关注这些思想，将会帮助我们更好地选择语言、使用工具和应用框架，以这样的方式帮助我们更有效地解决软件问题。

如果我们想要根据证据和数据做决策，而不是根据潮流或猜测做决策，那么拥有一个"度量的标尺"，让我们能够评估这些思想，无疑是巨大的优势。在做选择的时候，我们应该问自己，用**稳定性**度量标准来度量，"这会提高我们构建的软件的质量吗？"或者，用**吞吐量**来度量，"这会提高我们构建这种质量的软件的效率吗？"如果这两种情况都没有变糟，我们可以按照自己的偏好来选择。否则，为什么我们会选择做一些让这两种情况变得更糟的事情呢？

第 2 部分

优化学习

第4章

迭代式工作

迭代被定义为"一种过程，在这种过程中，一系列重复性操作产生的结果逐渐接近所期望的结果"[1]。

迭代从根本上是一个推动学习的过程。迭代使我们学习、反应和适应我们所学到的东西。没有迭代，没有与收集反馈密切相关的活动，我们就没有机会让学习长期持续下去。从根本上说，迭代允许我们犯错再改正错误，或者取得进步再提高进步。

这个定义还提醒我们，迭代让我们能够逐步接近某个目标。它真正的力量在于，它使我们在不知道如何接近目标的情况下，也能够接近目标。只要我们有办法判断我们是更接近还是更远离目标，我们甚至可以随意迭代，而且仍然能够实现目标。我们可以丢弃那些让我们远离目标的步骤，而选择那些让我们接近目标的步骤。这就是进化的本质，也是现代机器学习（machine learning，ML）工作原理的核心。

---

[1] 资料来源：《韦氏词典》（*The Merriam-Webster Dictionary*）。

敏捷运动

至少从 20 世纪 60 年代起，团队就开始实践更加迭代的、反馈驱动的开发方法。而在美国科罗拉多州的一个滑雪胜地举行的一次著名的思想家和实践者会议之后，《敏捷宣言》(Agile Manifesto) 就拟定出了一个通用的宗旨，它支持那些更灵活的、以学习为中心的策略，而不是当时常见的更为繁重的流程。

《敏捷宣言》[①]是一个简单的文档。它只有 9 行文字和 12 条原则，但是它产生了巨大的影响。

在此之前，少许沉默的反对者的传统观点认为，如果你打算在软件领域"认真"地做一些事情，那么你就需要以生产为中心的瀑布式开发技术。

虽然敏捷思维花了一段时间才得以突破，但是现在它是占主导地位的方法，而不是瀑布式方法，至少在思维方面是这样的。

然而，大多数组织在文化上仍然由瀑布式思维主导，即便不是在组织层面上，也是在技术层面上。

尽管如此，比起以前的理念，敏捷思维明显建立在更加稳固的基础之上。在其核心，最能体现敏捷社区思想（也许是理想）的词是"检查和适应"。

这种认知上的改变是有重大意义的，但还不够。为什么这一改变意义重大？因为它代表了人们朝着将软件开发视为学习活动而不是生产问题的方向迈出了一步。瀑布式流程对某些类型的生产问题来说是有效的，但是却极不适合需要探索的问题。

这一步很重要，因为尽管弗雷德·布鲁克斯的 10 倍进步在技术、工具或过程方面没有出现可以达到的迹象，但是有些方法的效率非常低，因此完全有可能将其提高一个数量级。当应用于软件开发时，瀑布式方法就是这样一个候选者。

瀑布式思维始于这样的假设："只要我们足够努力，我们就能在一开始把事情做好。"

敏捷思维颠覆了这一点。它也始于一个假设，假设我们不可避免地会出错。"我们不理解用户想要什么""我们不会马上得到对的设计""我们不知道我们是否已经捕获了我们编写的代码中所有的 bug"等等。因为他们从一开始就假设自己会犯错，所以敏捷团队以一种非常有意识地降低错误成本的方式工作。

---

① 全称为《敏捷软件开发宣言》，参见"敏捷软件开发宣言"网站首页。

敏捷思维与科学共有这一思想。从怀疑的角度看待各种想法，并试图证明这些想法是错误的，而不是证明它们是正确的（"可证伪性"），这是更科学的思维方式所固有的。

这两种思想流派，可预测性与探索性，向项目组织和团队实践推广了截然不同、互不兼容的方法。

基于敏捷思维的假设，我们着手组织我们的团队、过程和技术，使之允许我们安全地出错，很容易地观察到错误，做出更改，并在理想的情况下，下次做得更好。

关于 Scrum 与极限编程、持续集成与功能分支（feature branching，FB）、测试驱动开发与熟练的开发人员努力思考或其他任何技术之间的争论，都是无关紧要的。本质上，任何真正的敏捷过程都是"经验性过程控制"（empirical process control）活动。

这明显比之前的以生产为中心的、基于预测的瀑布式方法更适合软件开发——任何类型的软件开发。

在一些基本工作方式上，迭代式工作不同于更有计划的、顺序的工作方式。不过，它明显是一种更加有效的策略。

对许多读者来说，这似乎是显而易见的，但事实并非如此。软件开发的大部分历史都假定迭代是不必要的，所有步骤的详细计划是软件开发早期阶段的目标。

迭代是所有探索性学习的核心，也是任何真正知识获取的基础。

4.1 迭代式工作的实际优势

如果我们把软件工程视为一项发现和学习的活动，那么迭代就必须是其核心。然而，迭代式工作的其他各种优势在一开始可能并不明显。

也许最重要的思想是，如果我们开始改变我们的工作实践，以更加迭代的方式工作，它会自动缩小我们的关注范围，鼓励我们以更小的批量进行思考，并更认真地对待模块化和关注点分离。这些思想一开始是更加迭代式工作的自然结果，但最终却成为提高我们工作质量的良性循环的一部分。

Scrum 和极限编程的共同思想之一是，我们应该致力于完成小单元的工作。敏捷的思维过程是，"软件开发的过程很难度量，但是我们可以度量完成的功能点，所以让我们致力于更小的功能点，这样我们就可以看到它们什么时候完成。"

这种在批量大小上的缩减是向前迈出的一大步。然而，当你想知道需要多长时间才能"完成"时，事情就变得复杂了。这种迭代式开发方法不同于更传统的思维方式。例如，在持续交付中，每天会有许多次小变更，我们的工作是要让每一个小变更都是可发布的。它的完成程度应该达到，我们随时都可以安全可靠地将我们的软件发布到生产环境中。那么在这种情况下，"完成"到底是什么意思？

每个变更都是完成的，因为它们是可发布的，所以对于"完成"的唯一合理的度量标准是，它为用户交付了某种价值。这是非常主观的事情。我们如何预测需要多少变更才能向用户展现"价值"？大多数组织所做的是猜测一个功能组合，这个功能组合起来代表"价值"，但是，如果我可以在软件生命周期的任何时间点上发布，那么这就是一个有点儿模糊的概念。

猜测出来的构成"价值"的一组变更，存在一个问题，因为它依赖于一个假设，假设你从一开始就知道你需要的所有功能点，并且可以确定朝向某个"完整性"目标的进展情况。这是对敏捷运动创始人所表达的意思的过度简化，但它正是大多数正在向敏捷规划过渡的传统组织所做出的假设。

迭代式工作的一个更微妙的优势是，我们有了一个选择。我们可以对我们创造的产品进行迭代，并根据客户和用户的良好反馈，朝着具有更高价值的方向开发产品。这体现了这种工作方式的一个更有价值的层面，尝试采用它的更传统的组织往往会错过这一面。

然而，无论目的或结果如何，这种基于小批量的方法确实鼓励了我们，作为一个行业，缩减我们将要处理的功能点的大小和复杂性，这是非常重要的一步。

敏捷规划在很大程度上依赖于将工作分解成足够小的部分，这样我们就可以在一个冲刺（sprint）或迭代中完成我们的功能点。最初，这是一种度量进展的方法，但它产生了更深远的影响，它定期对我们工作的质量和适合程度提供了明确的反馈。这一改变提高了我们学习的速度。这个设计可行吗？我们的用户喜欢这个功能吗？系统足够快吗？我清除了所有 bug 吗？我的代码好用吗？等等。

在小的、明确的、生产就绪的步骤中迭代式工作，为我们提供了极好的反馈！

4.2　迭代作为防御性设计策略

迭代式工作鼓励我们采用防御性设计策略。（我们将在第 3 部分更深入地讨论这方面的细节。）

我的朋友丹·诺思（Dan North）先是向我介绍了一个关于敏捷思维基础的有趣理解。丹将瀑布式思维和敏捷思维的区别描述为一个实际上的经济学问题。瀑布式思维基于一个假设，假设随着时间的推移，变更成本会越来越大。这个假设所讲的是传统的变更成本模型，如图 4-1 所示。

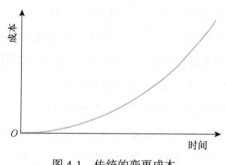

图 4-1　传统的变更成本

这种观点是有问题的。这意味着，如果这个模型是正确的，那么唯一明智的解决方案，是在项目生命周期的早期阶段就做出最重要的决策。这样做的困难在于，在项目的早期，我们对项目知之甚少。因此，在这个时间点上，无论我们多么努力地去了解项目，我们在项目生命周期中做出的关键决策都是基于不知情的猜测。

软件开发从来都不是从"……每一项工作都被完全理解"开始的，无论我们在开始工作之前多么努力地进行分析。考虑到我们从来没有从"定义良好的输入集"开始过，无论我们如何努力计划，定义好的过程模型或瀑布式方法都会在第一个障碍处失败。要使软件开发适应这种不合适的模式是不可能的。

在软件开发中，出现意外、误解和错误是正常的，因为软件开发是一项探索和发现的活动，所以，我们需要集中精力学习如何保护自己，以免在前进的道路上不可避免地犯下错误。

丹·诺思的另一个观点是：既然传统的变更成本模型明显帮不了我们，那么什么能帮到我们呢？如果我们能够将变更成本曲线变平，那该有多好？（见图 4-2）。

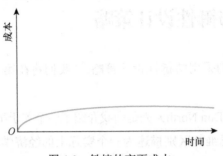

图 4-2 敏捷的变更成本

如果无论何时，我们改变主意，发现新的想法，发现错误并修正它们，其成本都大致相同，会怎么样？如果变更成本曲线是平的会怎么样？

这样会给予我们发现新事物的自由，并让我们从发现中受益；会为我们提供一种方法，使我们能够不断地改进我们的代码，提高我们的理解和我们产品的用户体验。

那么，怎样才能获得一个平的变更成本曲线呢？

我们不能把大量的时间花费在分析和设计上却没有创建任何东西，因为这意味着我们更多的时间都没有去了解什么才是真正有效的。所以我们需要压缩，我们需要迭代式工作。我们所做的分析、设计、编码、测试和发布，只需要足够将我们的想法交付到客户和用户手中，这样我们就可以看到什么才是真正有效的。我们需要对此进行反思，然后根据所了解到的内容，调整我们下一步的行动。

这是持续交付的核心思想之一（见图 4-3）。

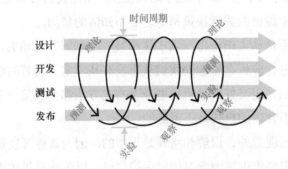

图 4-3 持续交付中的迭代

4.3 计划的诱惑

提倡瀑布式方法的人是出于好意的，他们认为这是最好的发展方向。我们的行业花了几十年的时间试图让这一方法发挥作用，但失败了。

其困难在于，瀑布式方法听起来非常合理："开始前仔细考虑"并且"详细计划你要做什么，然后认真地执行计划"。根据工业时代的经验，这些想法很有道理。如果你有一个定义明确的过程，那么这个已定义过程控制（defined process control）方法将会运行得非常好。

在制造实体产品时，生产工程问题和扩大规模问题往往比设计问题更重要。然而，现在这种情况正在改变。随着制造业变得更加灵活，一些制造工厂可以改变方向，那么即使在制造业中，这种僵化的过程也受到了挑战和颠覆。然而，这种"生产线"思维也主导了大多数组织至少一个世纪，我们多少有点儿习惯于以这种方式思考问题。

要认识到你的运作范式从根本上就是错误的，这需要一个艰难的思维上的飞跃。当全世界都认为这个范式是正确的时，就更是如此。

过程战争

如果从语言、形式或图解（diagramming）方面都不能获得 10 倍的提升，那么我们还能在哪方面获得呢？

我们组织自己的方式，以及我们对待学习和发现的技能和技巧的态度，似乎是我们学科与生俱来的，这似乎是一条富有成效的探索之路。

在软件开发初期，早期的程序员通常在数学、科学或工程学方面受过高等教育。他们以个人或小组的形式开发系统。这些人是新领域的探索者，和大多数探索者一样，他们带着自己的经验和偏见。早期的软件开发方法通常是非常数学化的。

随着计算机革命的到来，软件开发变得越来越普遍，需求迅速超过了供应。我们需要更快地生产更多、更好的软件！因此，我们开始研究其他行业，试图模仿他们如何应对大规模的高效工作。

正是这个原因，我们犯了一个可怕的错误，即误解了软件开发的基本性质，误用了制造和生产技术。我们招募了大量的开发人员，并试图构建相当于大规模生产线的软件。

做这件事的人并不愚蠢，但他们确实犯了一个大错。问题是多面的。软件是复杂的东西，它的构建过程与传统的"生产问题"没有真正的关系，而大多数人似乎都认为这是需要承受的负担。

将我们的学科工业化的最初尝试是痛苦的、遍布各处的，而且是极具破坏性的。这导致虽然构建了大量的软件，但其中很多都存在问题。速度慢、效率低、时间延迟，无法满足用户的需求，而且维护起来极其困难。在 20 世纪 80 年代和 90 年代，软件开发作为一门学科迅速发展，在许多大型组织中，软件开发过程的复杂性也随之发展。

尽管本学科的顶尖思想家们对这个问题的许多方面都有很好的理解，但是这些失败仍然存在。

1970 年弗雷德·布鲁克斯的《人月神话》一书，再次详细描述了这些问题以及应如何避免它们出现。如果你从未读过我们学科的这本开创性著作，你可能会惊讶于，它如此准确地描述了你作为软件开发人员几乎每天都要在工作中面对的问题，尽管它基于布鲁克斯在 20 世纪 60 年代末使用当时相对粗糙的技术和工具为 IBM 360 大型机开发操作系统的经验。布鲁克斯再次触及了比语言、工具或技术更重要、更基本的东西。

在此期间，许多团队生产出了优秀的软件，但通常完全忽略了当时关于项目应该如何计划和管理的"智慧"。这些团队有一些共同的理念，这些理念倾向于小规模。开发人员与他们软件的用户关系密切。他们迅速尝试各种想法，当事情没有按照他们预期的那样进行时，他们就改变策略。这在当时是革命性的——事实上，所谓革命性是指，许多这样的团队本质上都是秘密运作的，因为他们工作的组织采用的是重量级的流程，减慢了他们的工作速度。

到了 20 世纪 90 年代末，为了应对这些重量级的流程，一些人开始尝试定义更有效的策略。几种不同的、相互较量的软件开发方法越来越受欢迎。水晶方法（crystal）、Scrum、极限编程以及其他几种方法，都尝试采用这种截然不同的方法。这些理念被正式纳入了《敏捷宣言》。

在软件领域，敏捷运动打破了这一常态，但是即使在今天，许多组织，甚至是大多数组织，在本质上仍然是由计划/瀑布式方法驱动的。

除了很难认识到这个问题之外，在坚持瀑布式规划的组织中仍然有相当多的人有一厢情愿的想法。他们认为只要一个组织能够做到以下几点就很好。

- 正确识别用户的需求。
- 准确评估如果这些需求得以实现对组织的价值。
- 准确估计实现这些需求所需的成本。
- 对收益是否大于成本做出理性的判断。
- 制订准确的计划。
- 毫无偏差地执行计划。
- 最后，数钱。

问题在于，无论是在业务层面还是在技术层面，这都是不可信的。现实世界以及软件开发并不是这样的。

行业数据表明，对世界上最好的软件公司来说，他们三分之二的想法所产生的价值为零或负值。[①]我们很难猜测用户想要什么，即使我们询问用户，他们也不知道自己想要什么。最有效的方法就是迭代。它接受这样一个事实，一些想法甚至是许多想法都是错误的，而且它的工作方式能够让我们尽可能快速、廉价且高效地尝试这些想法。

评估一个想法的商业价值也是出了名地困难。IBM 总裁托马斯·J.沃森（Thomas J. Watson）有一句名言，他曾经预测，世界对计算机的需求有一天会多达 5 台！

这不是技术问题，这是人的局限性问题。为了取得进展，我们必须抓住机会，做出猜测，愿意冒险。不过，我们很不擅长猜测。因此，为了最高效地取得进展，我们必须把自己组织起来，这样我们的猜测就不会毁掉我们。我们需要更加谨慎、更加具有防御性地工作。我们需要循序渐进，限制我们猜测的范围或爆炸半径，并从中吸取教训。我们需要迭代式工作！

一旦我们有了一个想要执行的想法，我们需要找到一种方法来决定何时停止。我们如何叫停一个坏主意？一旦我们判断某个想法值得我们冒险去尝试，我们该如何限制爆炸半径，以确保我们不会因为一个糟糕的想法而失去一切？我们需要能够尽快发现糟糕的想法。如果我们能够通过思考消除糟糕的想法，那就太好了。然而，许多想法并没有糟糕得那么明显。成功是个难以捉摸的概念，甚至即使当一个想法可能是一个好想法时，

---

① 资料来源：《大规模在线控制实验》（"Online Controlled Experiments at Large Scale"）。

仍然可能会因为时机不对或执行不力而令人失望。

我们需要找到一种方法，以最低的成本尝试我们的想法，这样，即使是糟糕的想法，我们也可以以相对较低的成本迅速发现。麦肯锡集团（McKinsey Group）与牛津大学（Oxford University）联合开展的一项 2012 年软件项目调查发现，17%的大型项目（预算超过 1 亿元）进展都十分糟糕，以至于威胁到承担这些项目的公司的生存。我们如何才能识别这些糟糕的想法呢？如果我们分小步骤工作，无论进展如何，都做出真实的反应，不断验证和审查我们的想法，我们就能以最低的投资最快看到事情何时开始与我们的希望和计划背道而驰。如果我们在小步骤中迭代式工作，任何单个步骤出错的成本都必然更低，因而，风险程度自然就降低了。

在《无穷的开始：世界进步的本源》一书中，戴维·多伊奇（David Deutsch）描述了范围有限的想法与范围无限的想法的巨大区别。计划的、瀑布式的、已定义过程的方法与迭代的、探索性的、实验性的方法之间的比较，是两种从根本上就不同的思想之间的比较。已定义过程控制模型[①]需要一个"已定义的过程"。依照定义，这是在范围上有限的。在这个方法的极限下，在某种程度上，人脑有能力掌握整个过程的细节。我们很聪明，使用像抽象化这样的思想和像模块化这样的概念隐藏了一些细节，但最终在某种计划中定义端到端的过程中，要求我们涵盖所有将要发生的事情。从根本上说，这是一种解决问题的有限的方法，我们只能解决预先就能理解的问题。

迭代式方法则不同，我们可以在几乎一无所知的情况下开始，但仍然能够取得有用的进展。我们可以从系统一些简单易懂的方面着手，以这样的方式探索我们的团队应该如何工作，尝试我们对系统架构的最初想法，尝试一些我们认为可能有前途的技术，等等。但这些事情都不是必须要确定下来的，即使我们发现所选的技术并不适合，我们第一个架构的概念是错误的，我们仍然能够取得进展。我们现在比以前更清楚这一点。从根本上说，这是一个开放的、无穷的过程。只要我们拥有某种"适应度函数"（fitness function），即一种可以判断我们是在朝着目标前进还是逐渐偏离目标的方法，我们就可以永远保持这种状态，不断完善、提高和改进我们的理解、我们的想法、我们的技能和

---

① 肯·施瓦伯（Ken Schwaber）将瀑布式描述为"已定义过程控制模型"（defined process control model），他将其定义为："已定义过程控制模型要求完全理解每一项工作。给定一组定义明确的输入，每次都会生成相同的输出。已定义过程可以被启动并能够运行直至完成，而且每次都有相同的结果。"施瓦伯将其与以敏捷方法为代表的"经验性过程控制模型"（empirical process control model）进行对比。参见"学术词典和百科全书"（Academic Dictionary and Encyclopedia）网站，"Defined process"词条。

我们的产品。如果我们有更好的目标，我们甚至可以改变我们的"适应度函数"。

无穷的开始

物理学家戴维·多伊奇在他的思维拓展著作《无穷的开始：世界进步的本源》中，将科学和启蒙运动描述为对"好的解释"的追求，并解释了人类历史上的各种观点如何代表了"无穷的开始"，让我们能够应对与这些好的解释相关的任何可能的应用。

一个很好的例子就是字母和象形文字的区别。

人类的文字始于象形文字。它们看起来很漂亮，但它们有一个严重的缺陷。如果你遇到一个新字，听到它的发音，除非别人告诉你怎么写，否则你是不会写的。象形文字的书写形式并不是真正增量的，你必须知道每个字的正确写法。

字母的工作方式则完全不同。字母编码的是声音，而不是单词。你可以拼写任何单词，也许不准确，但至少在语音上，任何人都可以理解你写的是什么。

即使你以前从来没有听过一个单词或见过它怎么写，一样可以拼出来。

同样，你也可以读出一个你不认识的单词，甚至可以读出你不理解或不知道如何发音的单词。但用象形文字是做不到这两件事的。这意味着，字母方式的文字范围是无穷的，而象形文字则不是。一个是可伸缩的表达思想的方法，另一个则不然。

这种无穷延伸范围的思想符合敏捷开发方法，而不符合瀑布式方法。

瀑布式方法是连续的。在进入下一阶段之前，你必须先回答所处的这一阶段的问题。这意味着，无论我们多么聪明，总有一个极限，在这个极限上，系统作为一个整体的复杂性会超出人类的理解范围。

人类的智力是有穷的，但我们的理解能力却未必如此。我们可以通过使用我们进化和发展的技术来解决大脑的生理极限，我们可以把事情抽象化，我们可以划分（模块化）我们的想法，从而显著地增强我们的理解能力。

软件开发的敏捷方法积极地鼓励我们从更小的碎片中着手解决问题，它鼓励我们在知道所有问题的答案之前就开始工作。这种方法使我们能够取得进展，虽然有时可能是在不理想甚至糟糕的方向上，但无论如何，在每一步之后，我们都学到了一些新的东西。

这使我们能够完善我们的想法，确定下一个小步骤，然后执行这一步。敏捷开发是一种无界的、无穷的方法，因为我们在已知和理解之前，只处理问题的小碎片。这

> 是一种更自然的、进化的、无界的解决问题的方法。
>
> 　　这是一个意义深远的差异，也解释了为什么敏捷思维代表着，我们在理想情况下解决越来越难的问题方面取得进展的能力向前迈出的重要且意义重大的一步。
>
> 　　这并不意味着敏捷思维是完美的或是最终答案。而是说，它是朝着更好的性能方向迈出的重要的、有意义的、有利的一步。

　　计划的诱惑是错误的。它不是一个更勤奋、更可控、更专业的方法。相反，它的局限性更大，更多地基于直觉和猜测，实际上，它只适用于小型的、简单的、易于理解的、定义明确的系统。

　　这一结论意义重大。这意味着我们必须像肯特·贝克（Kent Beck）在他的开创性著作《解析极限编程：拥抱变化》的副标题中所说的那样"拥抱变化"！

　　我们必须学会有信心，在我们还不知道答案、不知道要做多少工作的时候，恰当地开始工作。这对一些人和一些组织来说是令人不安的，但这与人类经历的许多现实情况是一样的。当一家企业开始一项新的冒险时，他们真的不知道什么时候会成功，甚至不知道是否会成功。他们不知道有多少人会喜欢他们的想法，也不知道这些人是否愿意为这些想法付费。

　　即使是像开车旅行这样平凡的事情，你也不能确定要花多长时间，或者旅程一旦开始，你选择的路线是否仍然是最好的路线。如今，我们有了一些极好的工具，比如带有无线电连接的卫星导航系统，它们不仅可以在一开始就规划我们的路线，还可以用交通信息反复更新图像，让我们能够"检查并适应"旅途中不断变化的环境。

　　计划和执行的迭代方法使我们能够始终掌握最新的真实情况，而不是预测的、理论的、总是不准确的情况。它让我们能够学习、反应和适应沿途发生的变化。对于不断变化的情况，迭代式工作是唯一有效的策略。

4.4　迭代式工作的实用性

　　那么，我们能做些什么来实现这一点呢？第一件事是分小批量工作。我们需要缩小每次变更的范围，以更小的步骤进行修改，一般来说，越小越好。这使我们能够更频繁地尝试我们的技能、思想和技术。

小批量工作也意味着我们限制了我们的假设所需要保持的时间范围。事物干扰我们工作的窗口时间更短，所以事情不太可能以破坏性的方式发生改变。最后，如果我们迈出一小步，即使这一小步因为环境的改变或我们的误解而无效，也会减少工作的损失。所以，小的步骤真的很重要。

显然，这一思想在敏捷团队中的体现就是迭代或冲刺的概念。敏捷的行为准则提倡在一小段固定的时间内完成可用于生产环境的代码，这有多种有益的效果，这些效果在本章中都讲到了。然而，这只是更加迭代地工作的一种粗粒度体现。

在一个完全不同的尺度上，你可以将持续集成和测试驱动开发的实践看作固有的迭代过程。

在持续集成中，我们将频繁地提交变更，每天多次。这意味着每个变更都需要是原子的，即使它所提供的功能点还没有完成。这改变了我们处理工作的方式，但给了我们更多的机会去学习和了解我们的代码是否仍然可以和其他人的代码一起工作。

测试驱动开发通常由促成测试驱动开发的实践来描述：红、绿、重构（refactor）。

- 红：编写一个测试，运行它，并看着它失败。
- 绿：只需编写足够的代码使测试通过，运行它，并看着它通过。
- 重构：修改代码并测试，使其清晰、富有表现力、优雅且更通用。在每个微小的变更之后运行测试，并查看它是否通过。

这是一种非常细粒度的迭代方法。它鼓励在编写代码的基本技术细节问题上采用本质上更为迭代的方法。

例如，在我自己的编码中，我几乎总是通过一系列多阶段的微小重构步骤引入新的类、变量、函数和参数，并频繁通过运行测试来检查代码是否继续工作。

这是非常精细的迭代式工作。这意味着我的代码是正确的，工作时间更长，这意味着每一步都更安全。

在这个过程中的每个时间点上，我都可以很容易地重新评估，改变我的想法，改变设计和代码的方向。我保留我的选择权！

这些特性就是迭代式工作如此有价值的原因，也是因为这些特性，使得迭代式工作成为软件开发工程学科如此重要的基础实践。

4.5 小结

迭代是一个重要的思想，是我们有能力朝着更可控地学习、发现以及更好的软件和软件产品的方向发展的基础。然而，和以往一样，天下没有免费的午餐。如果我们想要迭代式工作，我们必须在许多方面改变我们的工作方式。

迭代式工作会影响我们构建的系统的设计、我们如何组织工作以及如何搭建工作的组织结构。迭代深深融入在本书背后的思想和我在这里介绍的软件工程模型中。所有的思想都是紧密相连的，有时，很难弄清楚迭代在哪里结束，反馈从哪里开始。

第 **5** 章

反馈

反馈被定义为"信息传递，它将有关行动、事件或过程的评估或纠正信息传递给原始源或控制源"[1]。

没有反馈，就没有机会学习。我们只能通过猜测，而不是根据现实情况做出决策。尽管如此，令人惊讶的是，许多人和组织却很少关注反馈。

例如，许多组织为新软件创建"商业论证"。这些组织里有多少会继续跟踪开发成本并对其进行评估，以及评估随之带给客户的实际收益，来验证他们的"商业论证"是否得以实现？

除非我们能够知道并了解我们的选择和行动的结果，否则我们无法判断我们是否正在取得进展。

这似乎很明显不值一提，但是在实践中，猜测、等级制度和传统却更广泛地被大多数组织当作制定决策的权威依据。

---

[1] 资料来源：《韦氏词典》。参见"韦氏词典"网站"feedback"词条。

反馈使我们能够为我们的决策建立证据来源。 一旦我们有了这样一个信息源，我们的决策质量必然会提高。反馈让我们开始将"神话"与现实区分开来。

5.1 反馈重要性的实例

理解抽象的概念可能很困难。让我们想象一个简单实用的例子，这个例子可以说明反馈的速度和质量到底有多重要。

想象一下，面对平衡一把扫帚的问题。

我们可以仔细分析扫帚的结构，计算出它的重心，严密检查扫帚柄的结构，并精确计算能够让扫帚达到完美平衡的点。然后，我们可以非常小心地将扫帚调整到我们计划好的精确位置，并通过完美的执行，确保我们没有留下任何导致扫帚加速失去平衡的剩余冲量。

上述第一种方法类似于瀑布式开发模型。想象中它应该是可以起作用的，但令人难以置信的是，实际上它未必会起作用。结果是极其不稳定的：它依赖于我们的预测是完美的，哪怕有很小的干扰，或者我们的预测有误差，扫帚都会掉下来。

或者，我们可以把扫帚放在手上，根据扫帚的倾斜程度移动我们的手。

第二种方法是以反馈为基础的。它设置起来更快，反馈的速度和质量将推动它的成功。如果我们的手移动得太慢，我们将不得不做出大的调整；如果我们对扫帚倾斜方向的感知太慢，我们就必须做出大的调整，否则扫帚就会掉下来；如果我们的反馈快速有效，我们只需要做微小的调整，扫帚就会稳定。事实上，即使有什么事情出现，扰乱了扫帚或者我们，我们也能迅速做出反应并纠正问题。

第二种方法非常成功，这就是太空火箭在其发动机的推力下保持"平衡"的方式。它非常稳定，如果我擅长第二种方法的话，即使你意外地推了我，迫使我摇摇晃晃，我可能也能保持扫帚的平衡。

第二种方法感觉更像是临时安排的。从某种意义上来说，感觉它并不那么严格，但它绝对更加有效。

我能想象你此时此刻一定在想，"作者喝了什么？扫帚和软件有什么关系？"这里我想说的是，关于过程是如何起作用的，有一些深刻而重要的东西。

第一种是有计划的、预测的方法。只要你完全理解所有的变量，并且没有出现任何情况改变你的理解或计划，这种方法就会很有效。这的确是任何详细的、有计划的方法的基础。如果你有一个详细的计划，只有一种正确的解决方案，那么要么问题必须非常简单，使之成为可能，要么你必须有能力无所不知地预测未来。

第二种方法仍然包含一个"我要平衡扫帚"的计划，但这个计划是关于结果的，完全没有提到实现它的机制。相反，你要做的只是开始工作，尽一切努力达到预期的结果。如果这意味着对反馈迅速做出反应，快速将你的手移动几毫米，那很好。如果这意味着因为发生了意想不到的事情，你的手移动了一米或更多，同时又向前或侧向迈出了几步，那也没关系，只要结果实现了就好。

第二种方法，虽然看起来更像是临时安排的，更像"即兴发挥"，但实际上更有效，结果也更稳定。第一种方法中只有一个正确的解决方案，第二种方法中却有很多解决方案，所以我们更加有可能实现其中一个。

反馈是任何在不断变化的环境中运行的系统的必要组成部分。软件开发始终是一项学习的活动，其发生的环境总在变化。因此，反馈对任何有效的软件开发过程来说都是必不可少的。

北约会议[①]

到了 20 世纪 60 年代末，很明显，要把计算机编程做好已经变得很难。正在构建的系统规模扩大，复杂程度和重要程度都有所提高。编写这些程序的人数正在迅速增长。随着人们逐渐意识到这一困难在加大，他们开始思考可以做些什么使软件的创建过程更高效、更不容易出错。

这种想法的一个结果就是召开了一次著名的会议，会议上尝试定义了什么是软件工程。会议于 1968 年召开，旨在从广义上探讨软件工程的意义和实践。

这次会议是"邀请制"，召集了当时全球该领域的专家，讨论有关软件工程的各种各样的观点。考虑到过去 50 多年来计算机硬件容量的显著增长，不可避免地有一些观点现在已经非常过时。

---

① 资料来源：《1968 年北约软件工程大会的会议记录》（"NATO Conference on Software Engineering 1968"）。

H.J.赫尔姆斯（H. J. Helms）博士：仅在欧洲，就有大约 1 万台已安装的计算机——这个数字还在以每年 25%到 50%的速度增长。为这些计算机提供的软件的质量将很快影响到超过 25 万名分析师和程序员。

有一些观点似乎更持久。

A.J.佩里斯（A. J. Perlis）：塞利格的描述里需要一个反馈循环，用于监控系统。必须收集有关系统性能的数据，以供未来的改进之用。

虽然佩里斯的话听起来有些过时，但其观点可以用来描述一种现代的 DevOps 开发方法，而不是算法语言（ALGOL）编写的东西！[①]
其他许多人贡献的想法也同样具有先见之明。

F.塞利格（F. Selig）：任何层次的外部规范，都是根据用户可控制的和可用的条目来描述软件产品的。而内部设计，则是根据实现外部规范的程序结构来描述软件产品的。必须要认识到的是，外部规范和内部规范设计之间的反馈，是切实有效的实施过程的必要组成部分。

这个描述听起来非常像现代人眼中的敏捷开发的用户故事[②]，它描述了在需求过程中区分"什么"和"如何"的重要性。

有一些观点是普遍真理的核心，得益于 21 世纪的后知后觉，我们从这些核心中认识到我们行业中的问题和实践。

阿加佩耶夫（d'Agapeyeff）：编程仍然太过艺术化。我们需要一个更坚实的基础，在实践中教授和监控以下几点：

1. 程序的结构及其执行过程；
2. 模块及其测试环境的塑造；
3. 运行时条件的模拟。

---

① 资料来源："1968 年北约软件工程大会的会议记录"。
② 用户故事（user story）是从系统用户的角度对系统功能的非正式描述。这是极限编程引入的概念之一。

有了这样的后知后觉，像"塑造模块和环境（以促进）测试"和"模拟运行时条件"这样的想法听起来完全是现代的且正确的，并形成了持续交付软件开发方法的大部分基础。

今天再来看这些观点，有许多思想显然是经久不衰的。它们经受住了时间的考验，在今天和 1968 年一样适用。

与"使用语言 X"或"用图解技术 Y 证明你的设计"相比，在说到"建立反馈循环"或"假设你会出错"的时候，是有些不同的，其意义更深远。

5.2 编码中的反馈

在实践中，这种对快速、高质量反馈的需求如何影响我们的工作呢？

如果我们认真对待反馈，我们就会想要得到许多反馈。编写代码，依靠测试团队在 6 周后对其进行报告是不够的。

在我的职业生涯中，我自己编写代码的方法有了极大的发展。我现在一直在多个层面上使用反馈并以微小的步伐做出改变。

我通常采用测试驱动的方法来编写代码。如果我想为我的系统添加一些新的行为，我会首先编写一个测试。

当我开始编写测试时，我想知道我的测试是否正确。我想要一些反馈来指示我的测试的正确性。所以，我编写测试并运行它，目的是看到它失败。失败的本质给了我反馈，帮助我了解我的测试是否正确。

如果在我编写任何代码让测试通过之前，测试就通过了，那么我的测试一定有问题，我需要在继续往下做之前纠正它。所有这些所描述的就是对专注于快速学习的细粒度反馈技术的应用。

就像我在第 4 章中所讲的，我通过一系列微小的步骤对我的代码进行修改。这里至少有两个层级的反馈在起作用。例如，我经常使用集成开发环境（integrated development environment，IDE）中的重构工具来帮我获得第一级反馈，但是，在每一个步骤中我同样也能得到反馈，以了解我的代码是否正常工作，以及更主观地说，随着我的设计的逐步改进，我是否喜欢我所看到的东西。因此，我发现错误或失误的能力大大增强了。

第二级反馈来自这样一个事实，每次我进行修改时，都可以再次运行当前正在使用的测试。这让我可以很快确认，我的代码在修改后仍然能够继续工作。

这些反馈周期非常短，或者应该非常短。我在这里提到的大多数反馈周期最多只需要几秒。有些很可能是以毫秒为单位来计算的，比如运行单元测试来验证一切仍在工作。

这种短又快的反馈周期非常有价值，因为它的速度很快，而且与你正在做的事情直接关联。

将我们的工作分成一系列微小的步骤，让我们有更多的机会反思我们的进展，并引导我们的设计走向更好的结果。

5.3　集成中的反馈

当我提交代码时，将会触发我的持续集成系统，并在其他人的代码上下文中评估我的变更。此时我得到了新一级的反馈，获得了更深的理解。在这种情况下，我可以了解我的代码中是否有东西"泄漏"，并导致系统的其他部分出现故障。

如果在这个阶段通过了所有的测试，我得到的反馈说明我可以安全地进行下一步工作。

这是支持持续集成的至关重要的一级反馈。

遗憾的是，持续集成仍然普遍被误解，并且缺乏实践。如果我们试图建立一种思维上严谨的软件开发方法，那么工程方法对于公正地评估各种思想的利弊是很重要的。对我们行业来说，这通常似乎很困难。许多思想被广泛采纳，是因为它们感觉上更好，而不是因为它们本身更好。

在**持续集成**和**功能分支**的实践者之间产生的争论就是一个很好的例子。

让我们理性地分析一下这些方法的利弊。

持续集成是指，尽可能频繁地，尽可能接近我们实际能够做到的，将系统的每一次变更随同系统的每一次其他变更一起进行评估。

持续集成的定义是：

（持续集成）是一天多次将所有开发人员的工作副本合并到共享主线的做法。

大多数持续集成专家将"一天多次"放松到"每天至少一次"，这是可以接受但并不可取的妥协。

因此，根据定义，持续集成是指每天至少一次把小增量变更暴露出来进行评估。

同样根据定义，任何类型的分支都涉及隔离变更：

分支使提交者能够隔离变更。

在基本的定义中，持续集成和功能分支实际上彼此之间并不兼容。一个目标是尽早暴露变更；另一个则是要推迟这种暴露。

功能分支看起来简单，它的实践者喜欢它，因为它似乎让工作变得更简单。"我可以独立于队友编写代码。"当变更被合并时，问题就出现了。持续集成的发明就是为了克服"合并地狱"的问题。

在过去糟糕的日子里，在一些至今仍顽固不化的组织中，团队和个人处理代码的各个部分，直到它们被认为是"完成的"，才将它们合并成一个整体。

此时发生的事情是，各种各样意想不到的问题都会被识别出来，合并变得很复杂，需要花费长到无法预测的时间才能完成。

为了解决这个问题，采取了两种方法：持续集成是其中之一，另一种方法是提高合并工具的质量。

功能分支实践者的一个常见观点是，合并工具现在已经非常好了，合并很少出现问题。然而，总是有可能会编写出合并工具处理不到的代码，合并代码并不一定等同于合并行为。

假设你和我在同一个代码库中工作，我们有一个函数，它做了一些事情来改变一个值。我们都独立决定这个函数需要给这个值增加 1，但我们各自在函数的不同部分实现了这一点。合并完全有可能忽略这两个变更是相关的，因为它们位于代码的不同部分，而我们得到了两个变更。现在我们的值增加了 2 而不是 1。

当持续集成按照定义进行实践时，意味着我们可以定期地、频繁地获得反馈。它给了我们强大的洞察力，让我们在整个工作时间里都能够了解代码状态和系统行为，但这也是有代价的。

为了让持续集成发挥作用，我们必须足够频繁地提交我们的变更，以便获得反馈和深入了解。这意味着工作方式就会截然不同。

　　与一直致力于一个功能点直到它"完成"或者"准备好投入生产环境"不同,持续集成和它的老大哥持续交付要求我们在小步骤中进行变更,并且在每一个小步骤之后都有一些可用的东西准备好了。这在一些重要的方面改变了我们对系统设计的看法。

　　这种方法意味着代码的设计过程更像是一个引导进化的过程,每一个小步骤都会给我们反馈,但是加起来不一定就是一个完整的功能点。对许多人来说,这是一个非常具有挑战性的观点的转变,但当我们接受这一转变时,它对我们的设计质量有着积极的影响。

　　这种方法不仅意味着我们的软件始终是可发布的,我们可以经常得到关于我们工作的质量和适用性的细粒度反馈,而且它还鼓励我们以支持这种方法的方式设计我们的工作。

5.4　设计中的反馈

　　我如此重视测试驱动开发的原因之一是,作为一种实践,它给了我关于设计质量的反馈。如果我的测试写起来很难,这便是在告诉我关于代码质量的一些重要信息。

　　我创建一个简单有效的测试的能力,以及我的设计的有效性,与我们认为在"好"代码中很重要的质量属性有关。我们可以为代码中"好质量"意味着什么的详尽定义争论很长时间,但是我认为我并不需要这样做来阐明我的观点。我认为以下属性基本上是代表代码质量的标志,它们可能不是质量的全部属性,但是我相信你会同意我的观点,它们很重要:

- 模块化;
- 关注点分离;
- 高内聚;
- 信息隐藏(抽象);
- 适当耦合。

　　我想现在这个清单看起来已经很熟悉了。作为代码中的"质量标志",它们也是让我们能够管理复杂性的工具。这不是巧合!

　　那么,如何将基于这些属性的"质量"写入代码呢?在没有测试驱动开发的情况下,这完全取决于开发人员的经验、投入和技能。

根据定义,使用测试驱动开发,我们首先编写测试。如果我们不先编写测试,那么它就不是测试**驱动**开发。

如果我们打算首先编写测试,我们必须成为一个奇怪的、愚蠢的人,使自己的工作更加困难。因此,我们打算尝试以一种让工作更轻松的方式来做到这一点。

例如,我们极不可能以某种方式编写测试,这种方式意味着我们无法从正在测试的代码中获得结果。由于我们在编写任何非测试代码之前首先要编写测试,这就意味着,我们在创建测试的同时,也在设计代码的接口。也就是说,我们同时在定义代码的外部用户将如何与它交互。

因为我们需要测试结果,所以我们将以一种容易获得我们感兴趣的结果的方式来设计代码。这意味着,在测试驱动开发中存在着一种压力,它要求编写的代码是更加可测试的。可测试代码是什么样子的呢?

它包括以下所有特点:

- 是模块化的;
- 有很好的关注点分离;
- 展现出高内聚力;
- 使用信息隐藏(抽象);
- 是适当耦合的。

测试的基本作用

在传统的开发方法中,测试有时被留下来当作项目结束时的活动,有时留给客户,有时由于时间压力而被挤压到几乎完全消失。

这种方法将反馈循环扩大到基本上毫无用处的程度。编码或设计中引入的错误通常不会被发现,直到开发团队完成项目并将维护工作交给某个生产支持团队之后才会被发现。

极限编程,及其对测试驱动开发和持续集成的应用,将测试置于开发过程的前端和中心位置。这将反馈循环缩短到几秒,几乎可以做到即时反馈错误,反过来,如果做得好,可以消除所有种类的 bug,这些 bug 在没有测试驱动开发的情况下往往会被带入生产环境。

在这个思想学派中，测试推动了开发过程，更重要的是，推动了软件设计本身。使用测试驱动开发编写的软件，与没有使用测试驱动开发编写的软件看起来是不同的。为了使软件具有可测试性，确保预期的行为能够被评估是很重要的。

这将设计推向了特定的方向。"可测试"的软件是模块化的、适当耦合的、表现出高内聚力的、具有良好的关注点分离，并实现了信息隐藏。这些特性也恰好被广泛认为是软件质量的标志。因此，测试驱动开发不仅评估了软件的行为，而且提高了软件设计的质量。

软件测试非常重要。软件在某种程度上是脆弱的，人类经验中很少有其他东西是这样的。哪怕是最微小的缺陷，都可能导致灾难性故障。

软件也比人类创造的大多数东西复杂得多。一架现代客机由大约 400 万个部件组成。现代沃尔沃卡车上的软件大约由 8000 万行代码实现，每一行都由多个指令和变量组成。

在 20 世纪 90 年代末，当肯特·贝克在书中描述测试驱动开发时，测试驱动开发并不是一个新想法。艾伦·佩里斯（Alan Perlis）曾在 1968 年的北约软件工程大会上描述过类似的东西，但是贝克引入了这个概念，并对其进行了显然更深入的描述，因此它得到了更广泛的采用。

测试驱动开发在许多方面仍然是一个有争议的理念，但是它的数据相当不错。这种方法可以极大地减少系统中的 bug 数量，并且对系统的设计质量有着积极的影响。

测试驱动开发要求创建客观上"更高质量"的代码。这与软件开发人员的才能或经验无关。它并不会让糟糕的软件开发人员变得优秀，但它确实会让"糟糕的软件开发人员"变得更好，让"优秀的软件开发人员"变得更优秀。

测试驱动开发，以及用于开发的测试驱动方法的其他方面，对我们所创建的代码的质量有重要的影响。这是为了获得更好的反馈而进行优化的效果，但这种效果并不止于此。

5.5　架构中的反馈

反馈驱动方法的应用产生了更微妙的效果，这体现在它影响了我们所构建系统的广泛的软件架构，以及影响了我们所制定的详细的、代码级的设计决策。

持续交付是一种高性能的、反馈驱动的开发方法。它的基础思想之一是，我们生产的软件应该随时准备发布到生产环境中。这是一个很高的标准，需要非常高频率和高质量的反馈。

实现这一目标需要组织改变其开发方法的许多不同方面。突出的两个方面可以被认为是我们构建的系统的架构质量。我们需要认真对待系统的**可测试性**和**可部署性**。

我建议与我合作的公司致力于创建至少每小时发布一次的"可发布软件"。这意味着我们必须能够每小时运行大约数十个甚至数十万个测试。

假设金钱和计算能力是无穷的，我们可以并行运行测试来优化快速反馈，但是这是有极限的。我们可以想一想，独立运行每个测试和与其他所有测试并行运行。

有些测试需要测试系统的部署和配置，因此，反馈时间的极限情况基于系统部署、启动和运行的时间，以及运行最慢的测试用例的时间。

如果任何单个测试的运行时间超过一小时，或者如果你的软件的部署时间超过一小时，那么无论你在硬件上花多少钱，你的测试都不可能运行得很快。

因此，我们系统的可测试性和可部署性为我们收集反馈的能力增加了约束条件。我们可以选择将我们的系统设计得更易于测试和部署，从而使我们能够在更短的时间内更高效地收集反馈。

我们更喜欢运行只需要几秒或几毫秒的测试和只需要几分钟就能完成的部署，或者甚至更快，几秒就能完成的部署。

要在可部署性和可测试性方面实现这些级别的性能，需要团队的努力和关注，以及开发组织对持续交付思想的坚持，但这通常也需要一些细致的架构方面的思考。

有两种有效的方法：要么构建单体系统（monolithic system）并优化它们的可部署性和可测试性，要么将它们模块化为独立的、单独的"可部署单元"。第二种方法是微服务（microservice）得以流行背后的驱动思想之一。

微服务架构方法，让团队能够彼此独立地开发、测试和部署他们的服务；同时也让团队在组织上解耦，让企业能够更有效且更高效地发展。

微服务的独立性具有显著的优势，但也具有显著的复杂性。根据定义，微服务是可独立部署的代码单元。这意味着我们不能一起测试它们。

将持续交付应用到单体系统是有效的，但是它仍然要求我们每天多次地进行小变更，并对其进行评估。对于更大的系统，我们仍然需要能够在代码库中与其他许多人一起工作，所以我们需要良好的设计和持续集成带来的保护。

无论我们选择将系统分解成更小、更独立的模块（微服务），还是开发更高效但更加紧耦合的代码库（单体），这两种方法都对我们创建的软件系统的架构产生了重大的影响。

在单体和微服务这两种方法中采用持续交付，促进了更加模块化、更好的抽象化、更加松耦合的设计，因为只有这样，才能足够高效地部署和测试它们，来实践持续交付。

这意味着，在我们的开发方法中，对反馈进行评估和优先级划分，可以促进得出更合理、更有效的架构决策。

这是一个深刻且重要的思想。这意味着，通过采用一些通用原则，我们能够获得关于我们所创建系统质量的重大的、可度量的影响。通过将过程、技术、实践和文化的重点放在高效交付、高质量反馈上，我们可以创建质量更好的软件，并以更高的效率来实现这一点。

5.6 倾向于早期反馈

一般来说，尽早获得明确的反馈是一种有效的做法。当我编写代码时，我可以让我的开发工具突出显示代码在输入时就出现的错误。这是最快、成本最低的反馈循环，也是最有价值的反馈循环之一。我可以利用这一点，通过使用诸如类型系统（type system）之类的技术，对我的工作质量给予快速明确的反馈。

我可以在开发环境中正在处理的代码区域运行测试（或多个测试），并非常迅速地获得反馈——通常不到几秒。

我的自动化单元测试，是作为测试驱动开发方法的输出创建的，当我工作时，定期在本地开发环境中运行它们，它们给了我第二级反馈。

一旦我提交了代码，我的整套单元测试和其他提交测试就会运行。这给了我一个更彻底但时间成本更高的验证，证明我的代码可以与其他人的代码一起工作。

验收测试、性能测试、安全测试，以及其他任何我们认为对理解变更的有效性很重要的测试，都使我们对工作的质量和适用性有了进一步的信心，但代价是需要更长的时间才能返回结果。

因此，倾向于首先在编译能力上（在我们的开发环境中识别）识别缺陷，然后在单元测试中识别缺陷，只有在这些验证成功之后，才能在其他形式的更高级别的测试中识别缺陷，这意味着我们可以以极快的速度失败，并获得较高质量、更有效的反馈。

持续交付和 DevOps 的实践者有时把这种倾向于早期失败的过程称为**左移（shift-left）**，然而我更喜欢称之为不那么晦涩难懂的"快速失败"！

5.7　产品设计中的反馈

认真地对待有关我们创建的系统质量的反馈，其影响是重要且深远的，但是最终，软件开发人员并不是因为制作了设计良好、易于测试的软件而获得报酬。我们获得报酬是因为我们为雇用我们的组织创造了某种价值。

在大多数传统组织中，这往往是更专注于业务的人和更专注于技术的人之间的核心矛盾之一。

这是一个问题，解决它需要关注如何能够**将有用的想法持续交付到生产环境中**。

我们怎么知道我们的想法、我们创建的产品是好的呢？

真正的答案是，直到从我们想法的使用者（我们的用户或客户）那里得到反馈，我们才能知道。

围绕着从创建产品的创意到向生产环境中交付价值的反馈循环形成的闭环，是持续交付的真正价值。这是它在世界各地的组织中如此流行的原因，而不是狭义（尽管仍然重要）的技术优势。

遵循和优化快速高质量反馈的原则，可以使组织更快地学习。发现哪些想法对客户有用，哪些行不通，并调整自己的产品，以更好地满足客户的需求。

世界上最有效的那些软件开发组织确实非常重视这一方面。

在我们的系统中添加遥测技术，让我们能够收集有关我们系统中哪些功能点被使用以及如何被使用的数据，现在已经成为常态。从生产系统中收集信息（反馈），不仅可以诊断问题，还可以帮助我们更有效地设计下一代产品和服务，将组织从"业务与 IT"形式转型为"数字化业务"。在许多领域，这已经变得非常复杂，以至于收集到的信息往往比所提供的服务更有价值，并且能够洞悉那些甚至连客户自己都意识不到的需要、需求和行为。

5.8 组织和文化中的反馈

长期以来，软件开发的可度量性一直是一个问题。我们如何度量成功，如何度量改进？我们如何判断我们所做的变更是否有效？

在软件开发的大部分历史中，要么以度量容易度量的东西为基础（例如，"代码行数"或"开发人天"或"测试覆盖率"），要么根据猜测和直觉做出主观决策。问题是，不管意味着什么，这些东西实际上都与成功没有任何现实的联系。

代码行数越多并不意味着代码越好，它可能意味着更糟糕的代码。测试覆盖率是没有意义的，除非测试的是有用的东西。我们投入软件中的工作量与它的价值没有关系。因此，这些度量方法可能与猜测和主观臆断差不多。

那么我们怎样才能做得更好？如果没有某种成功的度量标准，我们如何建立有用的反馈？

解决这个问题有两种方法。第一种方法已经在敏捷开发圈中建立了一段时间。我们承认判断是有点儿主观的，但我们尝试采用一些合理的规则来减轻主观性。这种方法的成功，不可避免地与涉及的个人息息相关。它代表着"个体和交互高于过程和工具"[①]。

这一策略在历史上非常重要，它将我们从更加公式化的、大动干戈的软件开发方法中解放出来，并且现在仍然是一个重要的基本原则。

敏捷开发方法将团队，也就是**工作中**的人，带入反馈循环中，这样他们就可以观察他们的行动结果，对其进行反思，并随着时间的推移改进他们的选择，从而改善他们的情况。这种主观的、反馈驱动的方法是最基本的敏捷思想"检查和适应"的基础。

为了提高反馈的质量，我想对这种主观反馈方法做一点儿小改进，就是要明确反馈的性质。

例如，如果你的团队有改进方法的想法，可以从科学家的书中吸取经验，搞清楚你认为你现在在哪儿（当前状态）和你希望在哪儿（目标状态）。描述一个你认为会引

---

① "个体和交互高于过程和工具"是《敏捷宣言》中的一句话，参见"敏捷软件开发宣言"网站首页。

导你走向正确方向的步骤。决定你的判断方式，来判断你是离目标状态更近还是更远。完成这一步骤，检查你是离目标更近了还是更远了，然后重复这个步骤，直到你达到目标。[1]

这是对科学方法的一种简单的、轻量级的应用。这应该是显而易见的，是"十全十美"的，但却不是大多数组织中的大多数人所做的。当人们应用这种方法时，他们会得到更好的结果。例如，这是精益思想[2]的基础，尤其是"丰田方式"，精益生产方法彻底改变了汽车行业和其他许多行业。

多年来，我一直相信这就是我们真正能做的，应用仍然主观但更有条理的方法来解决问题。近年来，DORA 团队的出色工作[3]改变了我的想法。我现在相信，他们的工作已经确定了一些更具体、不那么主观的度量标准，我们可以有效地应用这些度量标准来评估组织和文化中的变化，以及更注重技术的变化。

这并不意味着前面的方法是多余的。人类的创造力必须得到应用，数据驱动的决策制定也可能是愚蠢的，但是我们可以用数据来报告并强化主观评估，并且我们对成功的评估也多了一些量化。

第 3 章中讲的稳定性和吞吐量的度量标准非常重要。它们并不理想，其内部运作模型是相关模型，而不是因果模型。我们没有证据表明"X 导致 Y"，它远比这复杂。还有很多问题，我们希望能够更定量地回答，但不知道如何回答。**稳定性**和**吞吐量**很重要，因为它们是我们目前所了解的最好的度量标准，而不是因为它们是完美的。

然而，这是一个巨大的进步。现在，我们可以用这些效率和质量的度量标准，也是合理的、有用的结果的度量标准，来评估几乎所有类型的变更。如果我的团队决定重新安排员工座位，来改善沟通，我们可以监视稳定性和吞吐量，看看它们是否发生了变化。如果我们想要尝试某种新技术，它是会使我们更快地生产软件，提高我们在吞吐量上的数值呢？还是会提高我们的质量，从而提高我们在稳定性上的数值呢？

---

[1] 迈克·鲁斯（Mike Rother）在他的书《丰田套路：转变我们对领导力与管理的认知》中更加详细地描述了这种方法。不过，这实际上只是对科学方法的一种改进。

[2] 精益思想（lean thinking）是与精益生产（lean production）和精益流程（lean process）保持一致并与之相关的思想的总称。

[3] DevOps 研究与评估（DORA）团队设计了一种科学合理的数据收集和分析方法，这是"DevOps 状态"报告的核心，该报告从 2014 年开始每年发布一次。他们的方法和发现在《加速：企业数字化转型的 24 项核心能力》一书中有更详细的描述。

这种反馈作为"适应度函数"是非常宝贵的，可以指导我们朝着 DORA 模型预测的更好结果努力。随着流程、技术、组织和文化的发展，通过跟踪我们在稳定性和吞吐量方面的分数，我们可以确定我们所做的变更事实上是有益的。我们从潮流或猜测的受害者变成了工程师。

这些变更依然代表着我们所生产的软件的真正价值，这个价值体现在我们的变更对用户的影响上。然而，这些变更度量了我们工作的重要属性，它们是不受操纵的。如果你的稳定性和吞吐量的数值都很好，那么你的技术交付能力也一定很好。所以，如果你没有成功地保持良好的稳定性和吞吐量，那么你的产品理念或业务策略就有问题。

5.9 小结

反馈对我们的学习能力至关重要。没有快速、有效的反馈，我们只能猜测。反馈的速度和质量都很重要。如果反馈得太迟，它就没用了。如果它是误导或错误的，我们根据它做出的决策也将是错误的。我们通常不会考虑我们需要什么样的反馈来告知我们如何选择，也不会考虑我们收集反馈的时间线到底有多重要。

持续交付和持续集成，从根本上说，都是基于优化我们的开发过程来最大限度地提高我们收集反馈的质量和速度的思想。

第 **6** 章

增量主义

增量主义的定义是："增量设计与所有的模块化设计应用直接相关，其中组件如果经过改进，可以自由替换，以确保更好的性能。"[①]

增量式工作是逐步创造价值的。简单地说，它利用了我们系统的模块化或组件化。

如果迭代式工作是在一系列迭代中细化和改进一些东西，那么增量式工作则是一部分一部分地构建一个系统，并在理想情况下一部分一部分地发布它。这在图 6-1 中得到了很好的体现，图 6-1 取自巴顿《用户故事地图》一书[②]。

对于创建复杂的系统，这两种方法我们都需要。增量式方法让我们能够把工作进行分解，一步一步（**增量式**）地交付价值，以更小、更简单的步骤更快地实现价值并交付价值。

[①] 资料来源：维基百科。

[②] 我第一次看到"迭代式"和"增量式"方法之间的这种对比是在杰夫·巴顿（Jeff Patton）的《用户故事地图》一书中。参见"杰夫·巴顿和伙伴们"（jeffpatton&associates）网站中"用户故事地图"（User Story Mapping）栏目。

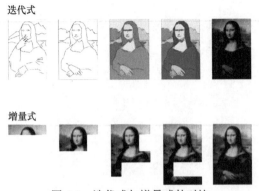

图 6-1 迭代式与增量式的对比

6.1 模块化的重要性

模块化是一个重要的概念。它在技术发展中很重要，但并不是信息技术所特有的。当石器时代的工匠用木柄制作燧石斧时，那就是一个模块化的系统。如果你把斧柄弄坏了，你可以保留斧头，再做一个新的斧柄。如果你把斧头弄坏了，你可以把一个新斧头绑在你可靠的旧斧柄上。

随着机器变得越来越复杂，模块化的重要性和价值也随之增长。整个 20 世纪，除了最后几年，当一个飞机设计师想要做一些新的东西时，他们把工作分成两个主要模块：动力装置（发动机）和机身。航空技术的进步很大一部分就像是一种技术接力赛一样在进行着。如果你想尝试一种新的发动机，你首先要在一个经过验证的机身上尝试。如果你想尝试一种新的机身，你要使用经过验证的动力装置。

当阿波罗计划在 20 世纪 60 年代启动时，其目标是将人类送上月球，早期的飞跃之一是创建了一个被称为月球轨道交会（lunar orbit rendezvous，LOR）的任务方案。月球轨道交会意味着航天器将被分成一系列模块，每个模块都专注于这个挑战的特定部分。土星 5 号运载火箭（Saturn V）的任务是把其他所有东西载入地球轨道，然后在最后阶段让另一个执行特定任务的模块将航天器的其余组件从地球推进到月球。

阿波罗号飞船的其余部分由 4 个主要模块组成。

* 服务舱的工作是把其他所有东西从地球送到月球，然后返回。

* 指挥舱是宇航员主要的工作和生活座舱，但它的主要任务是载着宇航员从地球轨

道返回地面。

- 登月舱由另外两个舱组成：下降舱和上升舱。下降舱把宇航员从月球轨道送到月球表面。

- 上升舱将宇航员送回月球轨道，在返回地球之前，他们将在那里完成与指挥舱和服务舱的会合、对接。

这种模块化有很多优点。这意味着每个组件都可以聚焦于问题的一个部分来构建，在设计时需要的妥协更少。它允许不同的团队——在这个例子中是完全不同的公司——在很大程度上独立于其他团队处理每个模块。只要不同的团队就模块之间的接口方式达成一致意见，他们就可以不受约束地解决自己模块的问题。每个模块都可以更轻，例如，登月舱在到达月球表面的整个途中，不需要携带返回地球的工具。

尽管将任何阿波罗号飞船称之为"简单"都有些牵强，但每个模块，与它被设计来处理整个问题的更大部分相比，都可能更简单。

我希望这个有些偏离了的话题能让你思考机器与软件的关系。尽管这些复杂的机器没有一个是简单的，但是它们在满足需求方面是遵循极简主义的。

这实际上是基于组件方法的设计原理，比如微服务，或者任何真正面向服务的设计。

将问题分成若干部分，旨在解决问题的单个部分——这种方法有很多优点。系统的每个组件都更简单，更专注于手头的任务。每个组件都更容易测试，部署更快，有时甚至可以独立于其他组件进行部署。一旦你实现了这一点，你就真的进入了微服务的领域。

然而，微服务并不是我们可以在任何软件系统中实现模块化并从中受益的唯一途径。这真的关乎要认真对待设计的问题。

采用模块化方法会促使你考虑系统模块之间的边界，并认真对待它们。这些边界很重要，它们代表了系统中耦合的关键点之一，关注它们之间的信息交换协议，可以对隔离工作和增加灵活性的容易程度产生显著的影响。我将在后面的章节中更详细地探讨这些概念。

6.2　组织增量主义

模块化带来的巨大好处之一是隔离。一个模块的内部细节对其他模块是隐藏的，并且与其他模块无关。出于技术原因，这一点很重要，出于组织原因，这一点则更为重要。

模块化方法使团队能够更加自由、独立地工作。每个团队都可以增量式地小步前进，而不需要团队间的协作，或者只需要少量的协作。这种自由程度让完全接受它的组织能够以前所未有的速度前进和创新。

除了能够进行增量式技术变革的价值之外，这种方法还让组织可以自由地对文化和组织变革采用增量式方法。

许多组织都努力在其工作实践中实现有效的变革。众所周知，这样的"转型"非常困难。进行此类变革的主要障碍，始终是难以在整个组织中传播解决方案。有两个障碍使这种变革的传播变得困难。第一个是向人们解释并激励人们做出改变，第二个是克服组织上或程序上的障碍，这些障碍限制了增量式方法的采用。

实施变革最常见的方法，似乎是尝试在整个组织中标准化过程。"过程映射"和"业务转型"是管理咨询公司的大业务。问题是，所有的组织——当然是那些涉及创造性工作的组织，都依赖于人类的创造力。如果我们能把过程"标准化"成一系列步骤，我们就可以将其自动化，从而淘汰成本高昂、容易出错的人员。有多少次你使用了自动电话筛选系统，却发现菜单上没有与你的查询相匹配的选项，或者干脆放弃了通话？这是因为把有些事情分解成简单的步骤并不简单，任何编写过计算机程序的人都能证明这一点。

当我们讨论软件开发时，我们离能够从这一努力中摆脱人类创造力还差得很远。因此，为了激发人类的创造力，我们需要在构成我们工作的过程和政策中留出空间，以实现创作自由。在软件开发中，高效能团队的一个决定性特征就是他们有能力取得进展并改变想法，而不需要征得他们小团队之外的任何人或团队的许可。[1]

让我们来分析一下。我们从"小团队"开始。虽然我们现在有更多的数据来支持这一论断[2]，但是其实人们早就知道，小团队的表现要优于大团队的。弗雷德·布鲁克斯在《人月神话》一书中这样写道。

> 结论很简单：如果一个 200 人的项目中有 25 名经理是最有能力和经验的程序员，那么解雇那 175 个人，让经理们回去编程。

---

[1] 《加速：企业数字化转型的 24 项核心能力》一书中讲述了，开发方法更加规范的团队如何比那些开发方法不规范的团队"多花 44% 的时间在新工作上"。

[2] 妮科尔·福斯格伦、耶斯·亨布尔、吉恩·金在他们的书《加速：企业数字化转型的 24 项核心能力》中描述了高效能团队的特征。

现在，大多数敏捷实践者都会认为 25 人的团队是一个大型团队。目前认为最佳的团队人数是 8 人或更少。

小团队很重要，原因有很多，他们在增量式的小步骤中取得进展的能力就是一个重要原因。要进行组织变革，最有效的策略是创建许多小型的独立团队，并允许他们自由地进行自我变革。这一改进可以而且仍然应该是结构化的。它应该受到某种程度的约束，允许分开的、独立的团队朝着大致相似的方向前进，目标是实现一个更大规模的组织愿景，但与大多数大公司的传统做法相比，这仍然是一个从根本上更加分布式的组织结构方法。

那么，大多数组织需要进行的关键转型，是给人员和团队更大的自主权，从而交付高质量、创造性的工作。分布式、增量式的变革是关键。

对软件开发来说，模块化组织比更加传统的组织结构更灵活、更可伸缩、更高效。

6.3　增量主义工具

我的 5 个学习原则和 5 个管理复杂性的原则是紧密关联的。谈论它们中的任何一个，都很难不提到其他的原则。

支持增量主义最彻底的工具是**反馈**和**实验**，但我们也需要关注**模块化**和**关注点分离**。

然而，除了这些更深层次的原则之外，还有哪些不那么抽象的思想，能够帮助我们获得更加增量式的变更方法？我们需要做些什么才能让我们增量式工作？

增量主义和模块化紧密关联。如果我们想要增量式地进行变更，我们必须能够在限制其对其他区域的影响的同时进行变更。努力改进我们系统的模块化是一个好主意，那么我们该如何做呢？

如果我的代码是一个大泥球，我在一个地方做了变更，可能会无意中影响代码的另一个部分。有 3 种重要的技术可以让我更安全地进行这样的变更。

我可以以限制变更范围为目的来搭建我的系统。通过设计模块化且具有良好的关注点分离的系统，我可以将变更的影响限制在我当前关注的代码区域之外。

我可以采用一些实践和技术，使我能够以较低的风险变更代码。在这些更安全的实践中，最主要的是**重构**。这就是在小的、简单的、可控的步骤中进行变更的能力，它让我能够完善或至少可以安全地修改我的代码。

重构技能常常被那些似乎忽视了其重要性的开发人员低估。如果我们能经常以微小的增量做出变更，我们就能对这种变更的稳定性更有信心。

比如说，如果我在开发环境中使用重构工具来"提取一个方法"或者"引入一个参数"，那么我可以确信变更将会安全地完成，或者我可以购买更好的开发工具。

如果我不喜欢这样的结果，放弃这些微小的变更也很容易，我可以迭代式工作，也可以增量式工作。如果我将我的细粒度增量主义与强大的**版本控制**（**version control**）结合起来，我始终不会离"安全的地方"太远。我总是可以退到一个稳定的位置。

最后，还有测试。**测试**，特别是自动化测试，为我们提供了保护，使我们能够以更大的信心增量式前进。

有效地使用高水平的自动化测试，有很多微妙之处，我们将在后面的章节中探讨这方面的内容，另一方面，自动化测试也是我们快速、有把握地进行变更的重要组成部分。

自动化测试还有一个方面，那些还没有真正将其作为日常工作实践中的普遍组成部分的人，经常会忽略这一点。那就是测试对设计的影响，特别是对设计中的模块化和关注点分离的影响。

测试驱动的自动化测试方法，要求我们为所做的系统变更创建小型的可执行规范。这些小规范中的每一个都描述了开始测试、执行测试行为、评估结果的必要条件。

为了管理实现所有这些所需的工作量，如果我们不尝试保持测试尽可能简单，并将我们的系统设计成可测试代码使我们的工作变得更轻松，那我们就"疯了"。

由于**可测试代码**是模块化的，并具有良好的关注点分离，自动化测试可创建一个正反馈循环，从而提高我们设计更好的系统、限制错误爆炸半径以及更安全地进行变更的能力。最终，这 3 种技术的结合让我们在增量式变更上向前迈出了一大步。

6.4　限制变更的影响

我们的目标是使用这些技术来管理复杂性，从而让我们能够更加增量式地开发系统。我们总是倾向于在许多小步骤中取得进展，而不是在一些更大的、更有风险的步骤中取得进展。

正如我们已经探讨过的，如果我们有一个由多个小团队组成的创建软件的组织，那么如果这些不同的团队能够彼此独立地取得进展，我们就可以非常高效地完成工作。

只有两种策略是有意义的，而且本质上都是增量式的。

我们可以将系统分解成更独立的部分，正如我们在本章中已经描述的那样，或者在通过持续集成来集成变更时，我们可以提高我们收集反馈的速度和质量。

为了使系统的各个部分更加独立，我们可以使用采用**端口和适配器**（ports & adapters）模式[①]的强大技术。

在我们想要解耦的系统中的两个组件之间的任何接口点——**端口**，我们定义一段单独的代码来转换输入和输出，即**适配器**。这使我们可以更自由地更改适配器背后的代码，而不必强制更改通过相应端口与之交互的其他组件。

这段代码是我们的逻辑核心，所以能够在不需要与其他团队或人员协调的情况下做出变更，是一个巨大的胜利。因此，我们可以安全地在这部分代码中取得增量式的进展，再处理组件间信息交换协议中明显更为复杂且成本高昂的变更。在理想情况下，这些变更应该很少发生，这样，团队之间破坏彼此代码的概率也会大大降低。

我们对待这些集成点、端口，应该比对待系统的其他部分更加小心，因为当这里需要变更时，将会产生更多的麻烦。端口和适配器为我们提供了在代码中可以做到"更加小心"的策略。

注意，这与所使用的技术无关。端口和适配器对于通过套接字（socket）发送的二进制信息和对于通过 REST API 调用发送的结构化文本，一样有用——可能更有用。

限制变更的影响的另一个重要的、经常被忽视的工具是反馈的速度。如果我写了一些代码破坏了你的代码，那么这有多重要取决于你什么时候发现我破坏了它。

如果你几个月后才发现我破坏了一些东西，那么后果也许是严重的。如果你发现问题的时候，你的代码已经在生产环境中了，那么后果可能就非常严重了。

另一方面，如果你在我做出更改的几分钟内发现，那这就不是什么大问题。也许在你注意到之前，我就可以解决我制造的问题。这就是**持续集成**和**持续交付**能解决的问题。

这意味着我们可以使用这两种策略中的一种或两种来限制变更的影响。我们可以把系统设计得具有更强的变更能力，而且不必强迫他人做出改变，我们可以优化我们的工

---

① 端口和适配器是一种架构模式，旨在产生更松耦合的应用程序组件，它也被称为六边形架构（hexagonal architecture）。

作实践，以便在增量式的小步骤中做出变更。将这些小变更提交到某个共享的评估系统，然后优化这个评估系统，让我们能够足够快地得到反馈，从而对其做出反应，并处理我们的变更可能导致的任何问题。

6.5 增量式设计

长期以来，我一直倡导采用敏捷方法进行软件开发。在一定程度上，这是因为我将敏捷视为一个重要的步骤，一个"无穷的开始"的步骤，正如我在前面章节中描述的那样。这很重要，因为这意味着我们可以在找到所有答案之前就开始工作。我们在增量式地取得进展的同时学习，这是本书的核心思想。

这挑战了许多软件开发人员先入为主的观念。与我交谈过的许多人，在对他们想要创建的设计有一个详细的想法之前，都不愿意开始编写代码。

甚至更多的人认为，增量式地构建一个复杂系统的想法几乎是不可想象的，但这两种思想却是所有高质量工程方法的核心。

复杂的系统不会完全从某个天才创造者的头脑中突然形成。它们往往是开发人员通过努力工作解决问题、加深理解、探索思想和潜在解决方案的成果。

在某种程度上，这是一个挑战，因为它需要我们进行某种思维转变，它要求我们具有一定程度的自信，以便我们能够解决那些最终浮出水面时我们还不知道的问题。

我在这本书中关于工程的真正含义和软件开发的真正含义的论述，就是为了给你一些帮助，帮你转换思维，如果你还没有转变的话。

在对未来一无所知的情况下而自信地取得进展是另一种不同的问题。在某些方面，它有一些更实际的解决方案。

首先，我们需要接受，随着我们认知的加深，改变、失误和意外的影响都是不可避免的，不管你承认与否。这只不过是任何一种复杂创作的现实，特别是在软件开发的环境中，这是很自然的事情。

抱怨"他们"总是把需求弄错是这种情况的一个症状。是的，一开始没有人知道要构建什么。如果他们告诉你他们知道，那他们真的不明白问题所在。

接受我们不知道的事实，怀疑我们所知道的，并努力快速学习，是从教条向工程迈出的一步。

我们利用我们所知道的和逐渐发现的事实，在每一个阶段，基于目前我们认为我们知道的所有东西，推断我们进入未知领域的下一步。这是一种更科学理性的世界观。正如物理学家理查德·费曼（Richard Feynman）曾经说过的，科学是"一种令人满意的无知哲学"。他还说：

> 科学家有很多关于无知、怀疑和不确定性的经验，我认为这种经验非常重要。

管理复杂性的技术之所以重要，有几个原因，但在软件开发的背景下，作为发现的行为，一个至关重要的原因是，当我们的"前进"被证明是一个错误时，这些技术让我们能够限制"爆炸半径"。你可以将其视为防御性设计或防御性编码，但更好的理解方式是将其视为**增量式设计**。

我们可以选择仅仅只是按照有条理的步骤顺序编写代码，或者更确切地说并非是有条理的，就像一个大泥球，划分不清。或者，我们可以在代码的发展过程中，以有效地识别和管理其复杂性的方式编写代码。

如果我们采用前一种方式，那么代码会耦合得更紧、模块化程度更低、内聚力更差、更改起来更难。这就是为什么我一直强调那些能够让我们管理代码复杂性的属性很重要。如果我们在工作中的每一个粒度级别上都普遍采用这些思想，那么我们对变更关闭的门就会更少，并为未来进行变更——甚至是意想不到的变更——留下更多的选择。这与过度设计的、编写出来应付各种可能性的代码不同。这是为了**使变更更容易而组织起来的**代码，而不是做你现在能想到的所有事情的代码。

如果我开始编写一个系统，它可以做一些有用的事情，并要求我将结果存储在某个地方，那么我可以像许多开发人员那样，把实现有用事情的代码与实现存储的代码混合在一起。如果我这样做了，然后发现我选择的存储方案太昂贵、bug 太多或者太慢，我唯一的选择就是去重写我的所有代码。

如果我将"有用的东西"从"存储"中分离出来，那么我可能会按照代码类别来增加代码行数。我可能需要稍微多努力一点儿来思考如何建立这种分离，但是我已经打开了增量式工作和增量式决策的大门。

当我告诉你，我认为，与我共事的人都认为我是一名优秀的程序员，我并不觉得我这样说是不谦虚的。有时候人们称我为"10 倍的程序员"。如果确实如此的话，那也不是因为我比别人更聪明，或者打字更快，或者使用了更好的编程语言，而是因为我在增量式工作，我做了我在这里所描述的事情。

我小心地避免过度设计我的解决方案。我从不打算为我不知道的东西添加代码，即便这些东西是目前所需要的。然而，我总是试图在我的设计中分离关注点，分解系统的不同部分，设计接口，抽象它们所代表的代码中的想法，并隐藏接口另一端发生的细节。在我的代码中，我努力追求简单、明显的解决方案，但我也有某种内部警告系统，当我的代码开始太复杂、太耦合或只是不够模块化时，它会发出警告。

我可以举出几条经验法则，比如我不喜欢代码长度超过 10 行或参数超过 4 个的函数，但这些只是指南。我的目标不是小而简单的代码，而是在我学到新东西时可以更改的代码。我的目标是，随着时间的推移，随着功能对我来说变得越来越清晰，我可以增量式地增加代码来完成相应功能。

随着我们理解的加深，以允许我们自由地改变代码和想法的方式工作，是优秀工程的基础，也是增量主义的基础。努力做到能够增量式工作，同时也就是在努力实现更高质量的系统。如果你的代码变更是困难的，那么不管它做什么，都是低质量的。

6.6 小结

增量式工作是构建任何复杂系统的基础。认为这样的系统"完全成形"于某个或某些专家的头脑中，这就是一种幻想，事实并非如此。它们是工作的结果，是随着我们取得进展而逐渐积累知识和理解的结果。组织我们的工作以促进和验证这种学习，使我们能够朝着尚未看到的、有进展的方向前进。这些思想是使我们能够有效取得进展的核心。

第 **7** 章

经验主义

经验主义在科学原理中的定义是："经验主义强调证据，尤其是在实验中发现的证据。它是科学方法的一个基本部分，即所有的假设和理论都必须通过对自然界的观察来检验，而不仅仅依靠先验推理、直觉或启示。"①

根据这个定义，经验主义与实验密切相关。然而，我将这两个概念都保留在我的 5 个原则清单中，是因为实验可以在可控的环境下进行，以致从工程意义上讲，我们可以很容易地对那些无法转化为有意义的现实的想法进行实验。

即使是在现代物理工程中，我们仍然看到工程师用所有的计算机模型和模拟来测试他们创建的东西，通常是破坏性的，以了解他们的模拟有多精确或者有多不精确。经验主义是**工程学**的一个重要方面。

对于那些对在某种语义的"针尖上数天使"不感兴趣的读者来说，为什么这很重要呢？

---

① 资料来源：维基百科。

与纯科学不同，工程学牢牢地根植于将各种想法应用于解决现实世界的问题。我可以很容易地决定，我需要实现某种架构纯度的目标，或者某种性能目标，这些目标要求我发明和探索新的软件技术，但除非这些想法以某种有形的价值被实现，除非我的软件能够做更多重要的事情或交付新价值，否则这些技术就是无关紧要的，不管我用它们做了多少实验。

7.1 立足于现实

另一方面，我们的生产系统总会让我们大吃一惊，它们应该如此！理想情况下，它们不会经常以非常糟糕的方式让我们感到惊讶，但迄今为止，任何软件系统实际上都只是其开发人员的最佳猜测。当我们将软件发布到生产环境中时，这是或者应该是一个学习的机会。

这是我们可以从其他学科的科学和工程中学到的重要一课。科学、理性地解决问题的方法，其非常重要的方面之一就是怀疑主义的思想。无论谁有一个想法，不管我们多么希望这个想法是正确的，也不管我们为这个想法付出了多少努力，如果这个想法不好，那它就是不好的。

从选择软件产品的影响来看，证据表明，对最出色的那些公司来说，他们的想法中只有一小部分能产生他们预期的效果。

> 功能被构建出来是因为团队认为它们是有用的，但在许多领域，大多数想法都不能改善关键性度量标准。在微软的测试中，只有三分之一的想法改进了它们被设计用来改进的度量标准。[①]

经验主义，根据证据和对现实的观察做出决策，对于取得合理的进展是至关重要的。没有这种分析和反思，组织将只能基于猜测继续前行，并将继续投资那些损失金钱或声誉的想法。

---

① 在一篇题为《大规模在线实验》（"Online Experiments at Large Scale"）的论文中，作者描述了三分之二以上的变更软件的想法是如何为实施它们的组织产生零价值或负价值的。

7.2 区分经验主义与实验性

通过使用我们在实验中收集的信息来做出决策，我们就可以是经验主义的。我们将在第 8 章探讨这一方面。通过不太正式地观察我们的想法所产生的结果，我们也可以是经验主义的。这并不是对实验性的替代，而是一种改进方式，以这种方式，我们在考虑下一个实验时，可以提高对当前情况描绘的质量。

我意识到，在分别探讨经验主义和实验的概念时，我有陷入哲学和词源学之谜的危险。这并非我的意图，所以让我用实际的例子来说明，为什么值得单独考虑这两个密切相关的概念。

7.3 "我知道那个 bug！"

几年前，我有过一次奇妙的经历，从零开始建立了世界上性能最高的金融交易所之一。正是在我职业生涯的那段时间里，我开始在我的软件开发方法中重视工程思维和行为准则。

当我们正要将一个版本发布到生产环境中时，我们发现了一个严重的 bug。对我们来说，这是一件相对不寻常的事情。团队采用了本书中描述的行为准则，包括持续交付，因此，我们对频繁的小变更有不断的反馈。我们很少会这么晚才发现这么大的问题。

我们的候选版本正在进行发布前的最后检查。当天早些时候，我们的一个同事达伦（Darren）在站会（stand-up）上告诉我们，在运行我们的 API 验收测试用例集时，他在自己的开发工作站看到了一个奇怪的消息传递故障。表面上，他看到了一个线程在我们的底层第三方发布订阅（pub-sub）消息传递代码中被阻塞了。他试图再现它，而且也可以，但他只能在一个特定的配对站点上这样做。这很奇怪，因为我们环境的配置是完全自动化的，并且使用一种相当复杂的基础设施即代码（infrastructure-as-code）的方法进行版本控制。

那天下午晚些时候，我们开始进行下一组变更工作。紧接着，我们的构建网格发生了巨大的变化，许多验收测试都失败了。我们开始研究发生了什么，并注意到我们的一个服务显示了非常高的 CPU 负载。这是不正常的，因为我们的软件通常是非常高效的。进一步调查后，我们注意到我们新的消息传递代码表面上看是卡住了。这一定就是达伦所看到的。显然，我们新的消息传递代码有问题！

我们立即做出反应。我们告诉每个人，待发布的候选版本可能还没有准备好发布。我们开始考虑，我们可能必须采用分支，这一我们通常试图避免的方式，并取消我们的消息传递变更。

在我们停下来思考之前，我们做了这一切。"等等，这没有任何意义。我们运行这段代码已经一个多星期了，现在在几小时内，我们已经看到这个故障 3 次了。"

我们停下来，讨论我们所知道的，并收集了事实真相。我们在迭代开始时升级了消息传递，有一个线程转储（thread dump）显示消息传递停滞了。达伦发现的故障也是如此，但是他的线程转储看起来停在了另一个地方。在这次消息传递变更后，我们在部署流水线（deployment pipeline）中成功地反复运行所有的这些测试已经超过一周了。

在这一点上我们被困住了。我们的假设——失败的消息传递，与事实不符。我们需要更多的事实真相，以便能够建立新的假设。我们重新开始，通常我们会在一开始就着手解决问题，但这次我们没有这样做，因为结论看起来太明显了。为了寻找这个问题的特点，我们开始收集数据来展现这个故事。我们查看了日志文件，发现了一个异常，你可能已经猜到了，它清楚地指向了某段全新的代码。

长话短说：消息传递是好的。表面上的"消息传递问题"是一个症状，而不是原因。我们实际上看到的线程转储，它处于正常的等待状态，并且正在正常地工作。当时的情况是，我们遇到了某段新代码中的一个线程 bug，与消息传递无关。如果我们没有得出结论认为这是一个消息传递问题，这就是一个显而易见的简单修复，我们会在 5 分钟之内不费吹灰之力找到它。事实上，当我们停下来思考，并根据我们所掌握的事实建立我们的假设，而不是仓促得出某种错误的但"显而易见"的结论后，我们确实在 5 分钟之内修复了这个问题。

只有当我们停下来列出我们所看到的事实时，我们才意识到我们匆忙得出的结论真的不符合那些事实。正是这一点，而且仅仅是这一点，促使我们去收集更多的事实真相——足以解决我们遇到的问题，而不是我们想象中遇到的问题。

我们拥有精密的自动化测试系统，然而我们却忽视了显而易见的问题。很明显，我们一定是提交了什么而破坏了这次编译。我们把各种事实真相结合在一起，反而得出了错误的结论，因为有一系列事件把我们带到了错误的道路上。我们在沙子上建立了一个理论，不是去验证我们所做的，而是在旧的基础上建立新的猜测。它创造了一个最初看似合理、看似"显而易见"的原因，但这个原因是完全错误的。

科学方法是奏效的！做出一个假设，想办法证明或反驳它。再进行实验，观察结果，看看它们是否符合你的假设。重复这个过程！

这里的教训是，经验主义比看起来更复杂，需要更多的行为准则来实现。你可以想象一下，如果我们将达伦看到的问题与失败的测试关联起来，我们就是经验主义的，是对现实向我们发送的信息做出了反应的。然而，我们没有。我们仓促下结论，歪曲事实，为的是符合我们对问题所在的猜测。如果那时我们以一种更有条理的方式简单地回顾一下"我们所知道的"，那么显然这并不是一个"消息传递问题"，因为我们的消息传递变更已经持续了整整一周，而且自从它们运行以来就再没有更改过。

7.4 避免自我欺骗

经验主义要求我们更加有条理地将我们从现实中收集到的信息组合起来，并把它们组合成我们可以通过实验进行测试的理论。

人类是非凡的，但要像我们这样聪明，需要大量的进化过程。我们对现实的感知不是"现实"，我们有一系列的生物学技巧，让我们对现实的感知看起来是无缝衔接的。例如，我们的视觉采样率惊人地低。你对现实的平滑感知，是通过你的眼睛收集信息，再由你的大脑创造的幻觉。在现实中，你的眼睛会对你视野的一小块区域取样，大约每隔几秒扫描一次，你的大脑会对真实情况产生一种"虚拟现实"的印象。

你看到的大部分都是你大脑的猜测。这很重要，因为我们已经进化到欺骗自己的地步。我们仓促下结论，是因为在我们为生存而战的年代，如果我们花时间对我们的视野进行详细、准确的分析，我们可能在分析完成之前就被捕食者吃掉了。

我们已经进化了数百万年，为了能够在现实世界中生存下来，我们有各种各样的认知捷径和偏见。然而，在我们创造的世界里，现代高科技文明已经取代了危险的、到处都是捕食者的大草原。我们已经开发出更有效的方式来解决问题。它比仓促得出常常错误的结论要慢，但对于解决问题——有时甚至是极其困难的问题，它明显更加有效。理查德·费曼对科学有一个著名的描述：

> 第一条原则就是你不能欺骗自己——你是最容易被欺骗的人。[1]

科学不是大多数人认为的那样。它不是关于大型强子对撞机的，也不是关于现代医学的，甚至也不是关于物理学的。科学是一种解决问题的技术。我们为摆在我们面前的问题创建一个模型，并且检查**我们目前所知道的一切**是否符合这个模型。然后，我们试着想办法证明这个模型是错的。戴维·多伊奇说，这个模型是由"好的解释"组成的。[2]

7.5 创造符合我们论点的现实

让我们看看另一个例子，我们可以多么容易地欺骗自己。

当我们建立超高性能交易所[3]时，我们做了很多实验，创建非常快速的软件。通过实验，我们发现了许多有趣的事情。最值得注意的是一种软件设计方法，我们称之为**机械同感**（**mechanical sympathy**）。

在这种方法中，我们基于对底层硬件如何工作相当深刻的理解，利用它来设计我们的代码。通过实验，我们学到的几个重要的经验之一是，一旦你消除了愚蠢的错误[4]，在现代计算机中，对一段代码的原始性能影响最大的就是缓存未命中（cache-miss）。

避免缓存未命中，成为对我们代码中高性能部分进行设计的主导思路。

我们通过度量发现，对大多数系统来说，缓存未命中最常见的原因之一是并发性。

就在我们建立交易所的时候，软件行业有一个普遍的观点，当时人们认为："硬件正在接近物理极限，这意味着 CPU 速度不再提高。所以我们的设计必须'并行'，才能保持良好的性能。"

---

① 诺贝尔奖（Nobel prize）得主、物理学家理查德·费曼（1918—1988）。

② 《无穷的开始：世界进步的本源》，作者戴维·多伊奇。

③ 了解更多有关我们的交易所创新架构的信息，参阅：马丁·福勒个人网站上的文章《LMAX 架构》（"The LMAX Architecture"）。

④ 常见的性能错误是使用错误的数据结构类型来进行存储。许多开发人员不考虑检索不同类型的集合所需要的时间。对于较小的集合，简单数组（array）（数据检索的时间复杂度为 $O(n)$）可能比哈希表（hash table）（时间复杂度为 $O(1)$）这样的一些集合检索速度更快。对于较大的集合，时间复杂度为 $O(1)$ 的解决方案较适合随机访问。之后，集合的实现可能会开始产生成本。

　　为了使并行编程在解决日常编程问题方面更容易、更普遍，有一些关于这个主题的学术论文，也有专门设计的语言。事实上，正如我们所说，这个模型有很多错误，但是为了故事脉络清晰、易懂，我将只看一个方面。当时人们正在讨论一种学术语言，旨在自动并行化解决方案。[①]

　　这种语言的能力体现在，它可以处理一本书的文本，从字符流中解析出单词。根据我们的经验，以及我们相信并发性会带来巨大的开销，至少当问题要求我们把不同并发线程的执行结果结合起来时，我们会持怀疑态度。

　　我们没有接触过这种学术语言，但是我的一个同事迈克·巴克（Mike Barker）做了一个简单的实验。他用 Scala 实现了与语言学者们正在描述的算法相同的算法，用 Java 实现了一个简单的暴力（brute-force）算法，然后通过在一系列运行中处理刘易斯·卡罗尔（Lewis Carol）的《爱丽丝梦游仙境》的文本来度量结果。

　　并发 Scala 算法用了 61 行代码实现，Java 版用了 33 行代码。Scala 版算法每秒可以处理 400 次这本书，这个数字听起来令人印象深刻。但是直到你把它与更简单、更易读的 Java 单线程代码进行比较时，它也就不算什么了，因为后者每秒可以处理 1600 次。

　　语言研究人员从一个理论，即并行性开始，但是他们太沉迷在实现当中，以至于他们从来没有想过要测试他们的初始假设，这个初始假设认为它将导致更快的结果，但它导致了更慢的结果和更复杂的代码。

区分"神话"与现实：一个例子

　　很明显，CPU 的发展几乎已经达到极限，不断改进的时钟周期加速已经暂停。自 2005 年左右以来，时钟周期就没有改进过！这是有充分理由的，它基于用硅制造晶体管的物理原理。晶体管的密度和它们在运行中产生的热量之间是有关系的。制造比 3GHz 快得多的芯片意味着会过热，这会成为一个严重的问题。

　　因此，如果我们不能通过提高 CPU 中线性处理指令的速率来提高速度，我们可以并行化，处理器制造商已经做到了。这很好，现代处理器是了不起的设备，但我们要如何利用它的所有能力呢？我们可以并行工作！

---

① 概述了自动并行化的演讲稿，参见："InfoQ"网站上的演讲稿"如何看待并行编程：不！"（"How to Think about Parallel Programming: Not!"）。

这对于运行不相关的、独立的进程是没问题的，但是如果你想要构建一个快速算法呢？显而易见的结论（猜测）是，这个问题的解决方案不可避免地是将我们的算法并行化。本质上，这里的想法是，我们可以通过在我们处理的问题上使用更多的执行线程来加快速度。

已经有几种建立在这种假设基础上的通用编程语言，可以帮助我们更有效地编写问题的并行解决方案。

不幸的是，这个问题比看起来要复杂得多。对于一些独特的任务，并行执行就是答案。然而，一旦需要将来自不同执行线程的信息重新结合在一起，情况就会发生变化。

让我们收集一些反馈。不要急于得出并行化就是答案的结论，我们先来收集一些数据。

我们可以试试简单的方法。例如，写一个十分简单的算法，将一个整数简单地递增 5 亿次。

在没有任何反馈的情况下，显然我们可以在这个问题上使用大量的线程。然而，当你进行这个实验并收集数据（反馈）时，表 7-1 的结果可能会让你大吃一惊。

表 7-1　　　　　　　　　　　　使用不同方法进行实验的时间

方法	时间（毫秒）
单线程	300
带锁的单线程	10000
两个带锁的线程	224000
使用 CAS 的单线程	5700
使用 CAS 的两个线程	30000

此表显示了使用不同方法进行实验的结果。首先是基线测试：编写一个单线程代码，对一个 long 值进行递增操作，递增 5 亿次需要 300 毫秒。

一旦我们引入同步代码，我们就会开始看到一些我们没有预料到的成本（除非我们是低级并发专家）。如果我们仍然在一个线程中完成所有的工作，但添加了一个锁，以便允许结果可以被另一个线程使用，那么成本将增加 9700 毫秒。锁是非常昂贵的！

如果我们决定只在两个线程之间分配工作，并同步它们的结果，其速度只有单线程工作的约 746 分之一！

> 所以锁非常昂贵。有更难使用但更高效的方法来协调线程之间的工作。最高效的方法之一是一种低级并发方法，称为**比较并交换（compare-and-swap，CAS）**。遗憾的是，这种方法的速度也只有单线程工作的约 100 分之一。
>
> 基于这些反馈，我们可以做出更明智的、基于证据的决策。如果我们想最大限度地提高算法的执行速度，我们应该尽量在单线程内完成尽可能多的工作，除非我们能够取得进步并且永远不会再将结果重新结合在一起。
>
> （这个实验首先是由迈克·巴克进行的，那是几年前我们在一起工作的时候。）

以上例子是本书几个核心概念的示范，它证明了反馈、实验和经验主义的重要性。

7.6 以现实为指导

这个场景下的研究人员，他们的意图是好的，但他们已经落入了无处不在的陷阱，在科学和工程的领域之外：他们想出了一个解决问题的猜测，然后匆忙去实施他们的猜测，而没有事先检查他们的猜测是对还是错。

迈克花了几小时编写代码，使用研究人员自己的样本问题，证明他们假设的解决方案是没有意义的。持怀疑态度并检查我们的想法是否可行，这是取得真正进展的唯一方式，而不是在猜测、假设和傲慢中前进。

最好的开始方式是，**假设你所知道的和你所认为的可能是错误的**，然后想办法发现**它是怎么错的**。

这个故事中的编程语言学者们相信了一个没有现实依据的"神话"。他们为并行化编程语言建立了他们的模型，因为如果你是一名语言学者，这会是一个很"酷"的有待解决的问题。

不幸的是，它并没有考虑并行性的成本，他们忽视了现代计算机硬件和计算机科学的现实。长期以来，人们一直认为，当需要"将结果重新结合在一起"时，并行性才会产生成本。阿姆达尔定律表明，对有意义的并发操作的数量进行严格的限制，除非它们彼此完全独立。

学者们假设"更多的并行性是好的"，但这种想法基于某种想象的、理论上的机器，在这种机器上并发的成本很低，这样的机器并不存在。

这些学者不是经验主义者，虽然他们是实验主义者。这种经验主义的缺乏，意味着他们的实验是错误的实验，所以他们建立的模型与现实世界的经验不匹配。

经验主义是一种机制，通过它我们可以理性地检验我们实验的有效性。它有助于我们将实验置于实际背景中，实际上也就是测试现实模拟的有效性，对于现实的模拟正是我们实验的核心。

7.7 小结

工程学并非纯科学，要求我们考虑解决方案的实用性。这就是**经验主义**发挥作用的地方。仅仅通过看看世界，根据我们所看到的进行猜测，然后假设我们的猜测一定是正确的，只是因为我们从现实世界获得了这些信息，这是不够的。这是拙劣的科学和拙劣的工程。然而，工程学是一门实践学科。因此，我们必须不断地怀疑我们的猜测，以及我们为测试这些猜测而创造的实验，并对照我们的现实经验来检验它们。

第 **8** 章

实验性

实验被定义为"为了支持、反驳或验证一个假设而开展的一系列操作或活动。实验演示了当一个特定的因素被操纵时会发生什么结果，从而提供了对因果关系的深刻理解"[1]。

采用实验的方法解决问题是非常重要的。我认为，科学及其核心的实验实践，是将我们现代高科技社会与我们之前的农业社会区分开来的最重要的因素。人类作为一个独特的物种，已经存在了数十万年，然而近三四百年前，被大多数人视为现代科学的开端，在这个时期，我们取得进步的速度已经在许多数量级上超过了以前的一切进步。据估计，在我们的文明中，人类知识的总量每 12 个月就会翻一番。[2]

这在很大程度上是因为应用了人类最好的解决问题的方法。

---

[1] 资料来源：维基百科。

[2] 巴克敏斯特·富勒（Buckminster Fuller）创造了知识倍增曲线，参见："工业龙头"（industry tap）网站上的文章《知识每 12 个月翻一番，很快就会每 12 小时翻一番》（"Knowledge Doubling Every 12 Months, Soon to be Every 12 Hours"）。

然而事实上，大多数软件开发并不是这样工作的。大多数软件开发都是有意识地将其作为一种工艺活动来进行的，在这种活动中，有些人猜测用户可能会喜欢什么。他们猜测能够实现他们产品目标的设计和/或技术。然后，开发人员猜测他们编写的代码是否按照他们的本意去做了，并猜测代码中是否存在任何 bug。许多组织猜测他们的软件是否有用，或者赚的钱是否超过了构建它的成本。

我们可以做得更好。我们可以在适当的地方使用猜测，但是之后我们可以设计实验来测试这些猜测。

这听上去很慢，而且昂贵又复杂，但事实并非如此。这实际上只是方法和心态的转变。这并非关于“更努力地去工作”，而是关于“更聪明地去工作”。我所见过的，以这种方式工作并将这些理念牢记于心的团队，并不缓慢或过于学术化。反而，他们在解决问题的方式上更加有条不紊，因此，他们能更快地找到更好、更便宜的问题解决方案，并能生产出更让用户满意的高质量软件。

8.1 “实验性”是什么意思?

科学思维的核心思想之一是摆脱权威决策。理查德·费曼一如既往地在这个话题上引用一句名言：

> 科学相信专家是无知的。

他还说：

> 不尊重任何权威。忘记是谁说的，而是看看他以什么开始，到哪儿结束，然后问问自己，“这合理吗？”

尽管他那个时代的话有些性别歧视，但这种观点是正确的。

我们必须摒弃根据最重要的、最有魅力的或最著名的人说的话来做决策的方式，即便他是理查德·费曼，而应根据证据来做决策和选择。

这对我们的行业来说是一个巨大的改变，这不是它通常的运作方式。不幸的是，这也适用于整个社会，而不仅仅是软件开发。因此，如果我们要成为成功的工程师，我们必须比整个社会做得更好。

是什么让你选择了你所使用的编程语言、框架或编辑器来编写代码？你是否有过关于 Java 和 Python 孰优孰劣的讨论？你认为每个使用 Vi 作为编辑器的人是聪明的还是愚蠢的？你认为函数式编程是唯一正确的方式，还是你相信面向对象是有史以来最好的发明？

我并不是对每一个这样的决策都建议我们应该创建一个详尽的、可控的实验，但我们应该停止关于这些事情的信念之争。

如果我们想要证明 Clojure 比 C#更好，为什么不做一些实验，并度量结果的稳定性和吞吐量呢？这样，至少我们可以根据一些证据来做决策，即使不完美，而不是根据谁在辩论中最有说服力来做出这样的决策。如果你不同意这个结果，做一个更好的实验，来展示你的推理。

实验性并不意味着每个决策都要基于难懂的物理学。所有的科学都是以实验为基础的，但控制的程度各不相同。在工程学中，实验仍然是其核心，但它的实验形式是讲求实效的、切实可行的。

4 个特征将"实验性"定义为一种方法。

- **反馈**：我们需要认真对待反馈，我们需要了解如何收集为我们提供明确信号的结果，并高效地将这些结果传递回我们正在思考的那一点。我们需要闭合循环回路。
- **假设**：我们需要有一个想法，我们的目标是评估。我们不是漫无目地随意收集数据，这还不够好。
- **度量**：我们需要清楚地知道如何评估我们在假设中要检验的预测。在这种情况下，"成功"或"失败"意味着什么？
- **控制变量**：我们需要消除尽可能多的变量，这样我们才能够理解实验传递给我们的信号。

8.2 反馈

从工程的角度来看，认识到提高反馈的效率和质量所能带来的影响是很重要的。

对速度的需求

我曾经工作的一家公司，生产复杂的金融交易软件。开发人员非常优秀，公司也很成功，但是他们知道他们可以做得更好，而我的工作就是帮助他们改进软件开发实践。

当我加入时，他们已经采用了一种相当有效的自动化测试方法。他们做了很多测试。他们通宵编译，编译的主体包括一个大型的 C++ 程序，这需要 9.5 小时才能完成，其中包括运行所有的测试。所以他们每天晚上都运行编译。

其中一个开发人员告诉我，在他们以这种方式工作的 3 年里，所有测试都通过的情况只有 3 次。

因此，每天早上他们会挑选那些所有测试都通过的模块并发布它们，而保留那些导致测试失败的模块。

这样做是可以的，只要有一个通过测试的模块不依赖于任何一个失败模块中的变更，但是有时它们还是会有依赖的。

有很多东西我想要改变，但作为第一步，我们先努力提高反馈效率，而不做其他任何改变。

经过大量的实验和艰苦的工作，我们成功地获得了一个快速阶段，提交编译在 12 分钟内运行，其余的测试在 40 分钟内运行。这与 9.5 小时的编译所做的工作完全相同，只是更快了！除了加快编译速度和更高效地向开发人员提供结果之外，在组织、过程或工具方面没有其他变化。

在这次变更发布后的前两周，有两次编译，所有的测试都通过了。在那之后的两周，也就是我在那里工作的时间里，每天至少有一次编译，所有的测试都通过，所有的代码都能发布。

没有其他的改变，只是提高了反馈的速度，这为团队提供了"修复"他们潜在不稳定性所需要的工具。

"对速度的需求"这段插入内容中的"作战故事"很好地证明了，将实验技术应用到我们的工作中，以及为了获得良好反馈而进行优化，是有效的。在这个案例中，我们尝试提高向开发人员反馈的效率和质量。在这个工作过程中，我们为编译性能建立了更好的度量标准，用改进的版本控制和基础设施即代码来控制变量，A/B 测试了几个不同的技术解决方案和编译系统。

　　只有采取相当规范的方法，将实验性的思维应用到这个问题上——之前已经有过各种各样的尝试试图对这个问题进行改进，我们才能取得进展。我们有几个想法没有成功。我们的实验表明，在某些工具或技术上投入大量的时间和精力是没有好处的，因为它们不会为我们提供需要的增速。

8.3　假设

　　当谈到科学和工程时，人们经常谈论"消除猜测"。惭愧的是，我过去也曾说过这样的话。然而，这是错误的。从一个重要的意义上说，科学是建立在猜测的基础上的，只是解决问题的科学方法将猜测制度化，并称之为**假设**（**hypothesis**）。正如理查德·费曼在关于科学方法的精彩演讲中雄辩地指出[①]：

　　　　我们遵循以下过程寻找新的规律，**首先我们来猜测！**

　　猜测或假设是出发点。科学和工程与其他效果不佳的方法相比是不同的，其他方法就止步于此。

　　从科学的角度来说，一旦我们以假设的形式有了一个猜测，我们就开始做出一些预测，然后我们可以尝试找到方法来检验这些预测。

　　费曼在那次精彩的演讲中继续说道：

　　　　如果你的猜测与实验不一致，那么它（你的猜测）就是错误的！

　　这就是它的核心！这正是我们需要做到的，这样我们才能宣称我们所做的是工程而不是猜测。

　　我们需要能够测试我们的假设。我们的测试可以采取多种形式。我们可以观察现实（生产），或者我们可以进行一些更可控的实验，也许以某种自动化测试的形式。

　　我们可以专注于从生产中获得良好的反馈来指导我们的学习，或者我们可以在更可控的环境中尝试我们的想法。

---

① 诺贝尔奖得主、物理学家理查德·费曼关于科学方法的演讲。

组织我们的思维和工作，进行一系列的实验来验证我们的假设，这是对我们工作质量的一个重要改进。

8.4 度量

无论我们是从现实（生产）中收集数据来说明，还是进行一个更可控的实验，我们都需要认真地对待度量。我们需要思考我们收集的数据意味着什么，并对其持批评态度。

我们很容易通过试图"让事实与数据相吻合"来欺骗自己。作为我们实验设计的一部分，通过仔细思考我们认为有意义的度量方法，我们可以在一定程度上避免此类错误。我们需要根据我们的假设做出预测，然后找出如何度量预测结果的方法。

我能想到很多度量方向错误的例子。在我的一个客户那里，他们决定通过提高测试覆盖率来提高他们的代码质量。因此，他们启动了一个项目，实施度量，收集数据，并采用了一项政策来鼓励提高测试覆盖率。他们设定"80%的测试覆盖率"为目标。然后他们用这个度量来激励他们的开发团队，奖金与达到测试覆盖率的目标挂钩。

你猜怎么着？他们实现了他们的目标！

一段时间后，他们分析他们所做的测试，发现超过 25%的测试根本没有断言（assertion）。所以，他们付给开发团队人员的奖金，为的却是让他们编写什么也测试不了的测试。

在这个案例中，更好的度量标准应该是稳定性。这个组织真正想要的不是更多的测试，而是更高质量的代码，因此更直接地度量，效果更好。

这种度量方向错误的难题，不仅与"度量标准"有关，也和人类在与系统进行博弈时的小聪明有关。

在我的职业生涯中，我为低延迟金融系统工作了十多年。刚开始时，我们非常专注于度量延迟和吞吐量，所以我们努力捕捉度量数据，设定我们的目标，比如"系统应该能够每秒处理 100000 条消息，延迟不超过 2 毫秒"。我们最初的尝试是基于平均值的，但后来发现这毫无意义。我们需要更具体。在随后的交易周期中，有几次我们的峰值负载远远超过了每秒 100000 条消息的等效速率，峰值数量相当于每秒数百万条消息。如果存在超出某些极限的异常值，平均延迟就不重要了。在真实的高频交易中，2 毫秒不是平均值——它是极限！

在这第二个例子中，尽管我们度量的方向错了，部分原因在于我们度量的准确性，但是我们从一开始就是实验性的，我们很快开始吸取教训并提高我们度量的质量和准确性，同时更好地聚焦于我们的实验。**这都是关于学习的！**

并不是每个人都关心度量的精度，但是无论你在构建哪种软件，原理都是一样的。实验性要求我们更多地关注系统的度量，无论这在我们的环境中意味着什么。

8.5 控制变量

为了收集反馈并进行有效的度量，我们需要尽可能地控制变量。当我和耶斯·亨布尔写《持续交付：发布可靠软件的系统方法》这本书的时候，我们给它起了一个副标题："发布可靠软件的系统方法"。我当时并没有这样想过，但这句话的真正含义是"控制变量，让你的发布更可靠"。

版本控制让我们能够更加明确地了解我们发布到生产环境中的变更。自动化测试让我们能够更加明确地了解我们生产的软件的行为、速度、健壮性和总体质量。自动化部署和像**基础设施即代码**这样的技术让我们更加明确地了解软件运行的环境。

所有这些技术使我们更加确信，当我们将软件投入生产环境中时，它将会按照我们的意愿行事。

我认为**持续交付**是软件开发的通用方法，它让我们能够以更可靠的方式进行开发。它在很大程度上消除了影响我们工作质量的变量，这样我们就可以专注于我们的产品创意是否够好。我们可以更清楚地了解"我们是否在构建正确的东西"，因为我们已经控制了"我们是否把事情做对了"。

通过控制软件开发中的许多技术变量，持续交付使我们比以前更有信心能够取得进展。这使得软件开发团队能够真正利用优化学习的技术，这些技术也是本书的核心内容。

例如，一个持续交付部署流水线是一个理想的实验平台，用于了解我们想要对生产系统进行的变更。

为了使我们的软件始终处于可发布状态，持续交付的核心思想是最大限度地提高我们对工作质量的反馈，并强烈鼓励我们以较小的步骤工作。反过来，这意味着我们几乎被迫以迭代和增量的方式工作。

如果拥有始终处于可发布状态的软件，那么，我们不利用它是愚蠢的！这意味着组织可以更频繁地发布，更快地收集到更多关于他们想法质量的反馈，构建更好的产品。

8.6 自动化测试作为实验

实验可以有很多种形式，但在软件方面，我们比其他任何学科都拥有更大的优势，因为我们有这个极好的实验平台：计算机！

只要我们愿意，我们可以每秒进行数百万次实验。这些实验可能采取各种不同的形式。我们可以将编译步骤视为一种实验形式："我预测我的代码将在没有任何警告的情况下编译"或"我预测我的用户界面（user interface，UI）代码不会访问数据库操作库（database library）"。然而，在软件环境中，到目前为止最灵活的实验形式是自动化测试。

如果你足够努力，任何验证我们软件的自动化测试都可以被认为是一个实验。但是，如果你在编写代码之后再编写自动化测试，那么实验的价值就会降低。实验应该建立在某种假设的基础上，而判断你的代码是否有效则是一个相当蹩脚的假设。

我所考虑的是，围绕一系列迭代的实验来组织我们的开发，这些实验对我们代码的预期行为做出微小的预测，这将允许我们增量式地增加软件的功能。

这样的实验最清晰的形式是由测试指导的软件开发，或称为**测试驱动开发**。

测试驱动开发是一种有效的策略，我们将测试用作我们系统行为的可执行规范。我们的假设是，准确地定义我们想要实现的行为变更："给定一个特定的上下文，当这件事情发生时，我们期待相应的结果。"我们以一个小的、简单的测试形式创建这个预测，然后，当我们完成代码并进行实验时，确认我们的测试用例的预测得到了满足。

我们可以在不同的粒度级别上使用这种测试驱动开发方法。我们可以从创建以用户为中心的规范开始，使用**验收测试驱动开发**（acceptance test-driven development，ATDD）技术，有时也被称为**行为驱动开发**（behavior-driven development，BDD）。我们使用这些高级的可执行规范来指导更细粒度、更技术性的单元测试。

使用这些技术开发的软件比用更传统的方式开发的软件 bug 数更少，其差别是显著的且可度量的。[①]

这在质量上是受欢迎的改进，但是我们没有真正看到价值，直到我们也考虑到这样的减少对生产力是有影响的。据推测，由于缺陷的减少，开发团队在其他活动上花费的时间也应该明显减少，比如 bug 检测、分类和分析。

结果是，采用像测试驱动开发、持续集成和持续交付这样的技术的高效能团队，多花 44%的时间在有用的工作上。[②]这些团队的生产力远远高出普遍水平，同时生产成果质量也更高。你可以"鱼与熊掌兼得"！

极限编程在持续交付环境中的实践，特别是持续集成和测试驱动开发，提供了一个极好的、可伸缩的、具有实验性的平台，在这个平台上，我们可以在设计和实施中评估和完善我们的想法。这些技术对我们的工作质量和我们生产优秀软件的速度有着重要且显著的影响。在其他学科中，我们会把这些成果归于工程。

8.7 将测试的实验结果置于环境中

请原谅我一时讲得有点儿"哲学"，但我希望你现在已经习惯了。

让我们思考一下，一系列测试，比如我刚刚描述的测试，真正的意义是什么。

我主张将科学理性当作我在这里试图描述的方法的指导原则。软件开发人员的一个常见错误是，也许和人们通常一样，一提到"科学"，我们几乎总是想到"物理学"。

我是个业余物理迷。我喜欢物理学和它让我构建来理解我周围的事物的思想模型。我有时开玩笑说物理学是唯一真正的科学，但这并非我本意。

科学比物理学要广泛得多，但是在物理学核心使用的简化抽象领域之外，其他科学

[①] 关于测试驱动开发对缺陷减少的影响，有一些学术的和非正式的研究。资料来源："IEEE Xplore"网站，文章《测试驱动开发即降低缺陷率的实践》（"Test-driven development as a defect-reduction practice"）；"IEEE 计算机协会数字图书馆"（IEEE Computer Society Digital Library）网站，文章《客座编辑简介：测试驱动开发——无畏编程的艺术》（"Guest Editors' Introduction: TDD--The Art of Fearless Programming"）。

[②] 资料来源："DevOps 状态"报告（不同年份）和《加速：企业数字化转型的 24 项核心能力》（作者为妮科尔·福斯格伦、耶斯·亨布尔、吉恩·金）。

往往更混乱、更不精确。这并不会削弱科学式推理的价值。生物学、化学、心理学和社会学也都是科学。它们不能像物理学那样准确地做出预测，因为它们不能在实验中那样严格地控制变量，但它们仍能提供比替代方案更深刻的见解和更好的结果。我从来没有指望我们学科能像物理学那样彻底和精确。

尽管如此，在软件领域，与几乎所有其他形式的工程和一些科学领域相比，我们都有一些巨大的优势，在这些科学领域，由于伦理或实践的原因，实验往往很困难。我们软件所在的"宇宙"可以完全由我们来创建和控制。如果我们愿意，我们可以进行细致、精确的控制。我们可以以很低的成本，创造数以百万计的实验，让我们能够利用统计的力量发挥优势。简单地说，这就是现代机器学习的真正意义。

计算机让我们有机会控制我们的软件，并在软件上进行大规模的实验，这在其他任何环境下都是无法想象的。

最后，软件还赋予我们另一种意义非常深远的能力。

我们不会成为物理学家，但是让我们暂时想象一下，我们是物理学家。如果你和我在物理学上提出了一个新想法，我们怎么知道它是否是一个好主意呢？好吧，我们需要足够多的阅读来理解它符合物理学目前理解的事实。如果我们不知道爱因斯坦说了什么，就说"爱因斯坦错了"是没有用的。物理学是一门庞大的学科，所以无论我们多么博学，我们都需要对这个想法进行足够清晰的描述，使其能够被其他人复制，以便他们也能对其进行测试。如果对这个想法的任何测试都失败了，在确认这不是测试过程存在的错误之后，我们可以否定这个想法。

在软件领域，我们可以通过测试来完成所有这些过程，而不是花几个月或几年的时间等我们的想法产生结果，我们可以在几分钟内得到结果。这是我们的"超能力"！

如果我们认为我们的软件存在于我们创建的一个微小的宇宙中，无论这个软件多大或多复杂，我们都可以精确地控制这个宇宙，并评估我们的软件在其中的角色。如果我们能够在一定程度上"控制变量"，使我们能够可靠地、可重复地重新创建这个宇宙——例如，将基础设施即代码作为持续交付部署流水线的一部分，那么我们就有了一个很好的实验起点。

我们编写的所有测试的完整集合，包括证明了我们对这个受控宇宙中系统行为的理解的实验集合，是我们这个系统的知识体系。

我们可以向任何人给出"宇宙"和"知识体系"的定义，而且它们可以证实，作为一个整体，它们内部是一致的——所有的测试都通过了。

如果我们想在系统中"创建新的知识"，我们可以创建一个新的实验——一个测试，它定义了我们期望观察到的新知识，然后我们可以以工作代码的形式添加这些知识，以满足实验的需要。如果新的想法与之前的想法（也就是我们的迷你受控宇宙中的"知识体系"）不一致，那么实验就会失败，我们就会知道这个想法是错误的，或者至少与系统中记录的知识声明不一致。

现在我认识到，这是对软件系统及其相关测试的一种有些理想化的描述，但是我已经研究过几个系统，它们都非常接近这个理想。然而，如果接近程度只有80%，试想这意味着什么。在几分钟内，你就能发现你的想法在整个系统中的有效性和一致性。

正如我之前所说，这是我们的"超能力"。如果我们将软件视为一个工程过程，而不是单纯基于工艺的过程，这就是我们能够用软件做到的。

8.8 实验范围

实验有各种规模。我们可以做一些微不足道的小实验，也可以做一些复杂的大实验。有时我们两者都需要，但是"在一系列实验中工作"的想法让一些人望而生畏。

让我来描述一下我在自己的软件开发中经常进行的一种常见的实验类型，以便让你放心，它其实并没有那么可怕。

在实践测试驱动开发的时候，我开始对我的一段测试代码进行预期的更改，目的是创建一个失败的测试。我们希望运行这个测试，并看到它没能检查出这个测试是否确实在测试某些东西。所以我从编写这个测试开始。一旦我得到了我想要的测试，我将预测出**确切的错误消息**，我希望测试在失败时提示："我预计这个测试会失败，并显示一条消息'预期为x，但结果为0'"或类似的东西。这是一个实验，这是科学方法的"小试牛刀"。

- 我思考并描绘了这个问题的特征："我已经决定了我想要的系统行为，并将其作为测试用例捕获。"
- 我形成了一个假设："我预计我的测试会失败！"
- 我做了一个预测："当它失败时，它会发出这样的错误消息……"

- 我进行了我的实验："我运行了测试。"

与我以前的工作方式相比,这是一个微小的改变,但它对我的工作质量产生了显著的、积极的影响。

在我们的工作中采用更规范的、实验性的方法,不需要是复杂的或费力的。如果我们要成为软件工程师,我们需要采用这样的行为准则,并始终如一地将它们应用到我们的工作中。

8.9　小结

以更具实验性的方式工作的一个关键属性是,我们对所涉及的变量施加控制的程度。本章开头对"实验"的部分定义是"演示当某个特定因素被操纵时会发生什么"。为了更加实验性地工作,我们需要我们的工作方法更可控一些。我们希望"实验"的结果是可靠的。在我们构建的系统的技术背景下,通过有效的自动化测试和像基础设施即代码这样的持续交付技术,实验性地工作并控制我们所能控制的变量,使我们的实验更可靠且可重复。但更深刻的是,它们也使我们的软件更加具有确定性,因此质量更高、更可预测、使用起来更可靠。

任何名副其实的软件工程方法都必须在同样的工作量的基础上产生更好的软件。把我们的工作组织成许多小的、通常很简单的实验序列就可以做到这一点。

第 3 部分

优化管理复杂性

第**9**章

模块化

模块化的定义是"一个系统的组件可以被分离和重新组合的程度，通常在使用上具有灵活性和多样性的优势"[1]。

我写代码已经有很长一段时间了，从我开始学习写代码的时候，即使是用汇编语言编写简单的电子游戏，模块化在我们的代码设计中就被认为是很重要的。

然而，我见过的许多代码——事实上是我见过的大部分代码，甚至可能是我写的一些代码——都远远不是模块化的。在某种程度上，这对我来说改变了。我的代码现在总是模块化的，它已经成为我的风格中根深蒂固的一部分。

模块化对于管理我们创建的系统的复杂性至关重要。现代软件系统是巨大且繁复的，而且往往是真正复杂的东西。大多数现代系统都超出了人类能够用头脑掌握其所有细节的能力。

---

[1] 资料来源：维基百科《韦氏词典》的定义。

为了应对这种复杂性，我们必须将我们构建的系统分割成更小、更容易理解的部分——我们可以专注于各个部分，而不必过多担心系统中其他部分正在发生的事情。

这总是适用的，另一方面，这也是一种作用于不同粒度上的分形（fractal）思想。

我们已经在行业中取得了进步。当我开始我的职业生涯时，计算机及其软件都比较简单，但是我们不得不更加努力地工作才能把事情做好。操作系统除了提供对文件的访问和允许我们在屏幕上显示文本之外，几乎没做什么。任何其他我们需要做的事情都不得不从头开始编写每个程序。想打印一些东西吗？你需要理解并编写代码来实现与具体某台打印机的底层交互。

通过改进操作系统和其他软件的抽象性和模块化，我们确实取得了进步。

然而，许多系统本身并不是模块化的。这是因为设计模块化系统是一项艰巨的工作。如果软件开发是关于学习的，那么，随着我们不断学习，我们的理解也会发展和变化。因此，我们对哪些模块有意义、哪些没有意义的看法也可能会随着时间的推移而改变，甚至这种可能性非常大。

对我来说，模块化才是真正的软件开发技能。这是最能够区分出专家、大师编写的代码与新手编写的代码的特性。虽然想要在我们的设计中实现良好的模块化需要技巧，但是我在许多代码中看到的是，人们不仅仅是"不擅长模块化"，而是相反，他们"根本不尝试模块化"。许多代码编写得好像是菜谱，即在方法和函数中把步骤线性序列集合在一起，跨越了数百行甚至数千行代码。

想象一下，倘若我们在你的代码库中打开一个功能，它拒绝任何代码包含长度超过30 行、50 行或100 行的方法，会怎样？你的代码能通过这样的测试吗？我知道我看到的大多数代码都不能。

近来，当我开始一个软件项目时，我会在持续交付部署流水线中，在"提交阶段"建立一个检查，就是进行这种测试，它拒绝提交任何代码包含长度超过 20 或 30 行的方法。我还拒绝带有多于 5 或 6 个参数的方法签名。这些值都是任意值，它们基于我的经验和我所工作的团队的偏好。我的观点不是推荐这些具体的值，相反，我的观点是，像这样的"指导原则"是重要的，让我们在设计中保持诚实。不管时间压力有多大，编写糟糕的代码永远都不会节省时间！

9.1　模块化的标志

如何判断你的系统是否是模块化的？在某种意义上，从一个过于简单的层面来看，模块是可以被包含在程序中的指令和数据的集合。该程序捕获构成模块的位（bit）和字节（byte）的"物理"表示。

然而，更实际地说，我们要寻找的是能够将代码划分成小分隔块的东西。每个小分隔块都可以重复使用多次，可能会在各种上下文中重复使用。

模块中的代码足够短，可以很容易被理解成是独立的，即使它需要系统的其他部分来完成有用的工作，但它也不会受系统其他部分的上下文影响。

模块对变量和函数的作用域存在着某种控制，从而限制了对它们的访问，因此在某种意义上，模块有"外部"和"内部"的概念。还有某种类型的接口，可以控制访问、管理与其他代码的通信、处理其他模块。

9.2　低估优秀设计的重要性

许多软件开发人员并不关心像这样的一些概念，有几个原因。我们整个行业都低估了软件设计的重要性。我们痴迷于语言和框架。我们在集成开发环境与文本编辑器之间、面向对象编程与函数式编程之间争论不休。然而，对我们的产出质量来说，这些都不如模块化或关注点分离这样的概念重要和基础。

如果你的代码在模块化和关注点分离方面做得很好，那么无论编程范式、语言或工具是什么，你对要解决的问题了解得越多，代码将变得越好、越容易处理、越容易测试、越容易修改。它在使用上也会比没有这些特性的代码更灵活。

在我的印象里，要么是我们根本不教这些技能，要么是在编程（或程序员）中有一些固有的东西让我们忽视了它们的重要性。

显然，进行模块化设计与了解编程语言的语法是不同的技能。如果我们希望达到某种程度的精通，模块化设计是一项需要我们努力掌握的技能，而且我们可以用一生的时间来完善它，但可能永远也达不到完美。

然而，对我来说，这就是软件开发真正的意义所在。我们该如何创建代码和系统，使其能够随着时间的推移而增长和发展，但又能够恰当地将其划分成各自独立的部分，以限制我们在犯错时造成的损失？我们要如何创建适当抽象的系统，以便我们能够把模块之间的边界视作增强我们系统的机会，而不是阻碍我们变更系统的负担？

这是本书中的一个重要论点。

我曾经教过一门关于测试驱动开发的课程。当我正试图演示测试驱动开发如何帮助我们降低设计的复杂性时，一位学员（我不称他们为程序员）问为什么代码不那么复杂很重要。我承认我很震惊。如果这个人看不出晦涩复杂的代码和清晰简单的代码在影响和价值上的差异，那么他对我们工作的看法就和我不一样。我尽力回答了他的问题，谈到了可维护性的重要性和效率方面的优势，但是我相信我的论点并没有给他留下多少印象。

从根本上说，复杂性增加了拥有软件的成本。这既有直接的经济影响，也有更主观的影响：复杂的代码不太好处理！

然而，这里真正的问题是，根据定义，复杂的代码更难更改。这就意味着，当你第一次写的时候，只有一次机会把它写对。同样，如果我的代码是复杂的，那么我可能并不像我认为的那样理解它，一定有更多的地方可能隐藏错误。

如果我们努力限制我们所写代码的复杂性，我们就可以犯错，而且有更大的机会改正它们。所以，要么我们可以把"赌注"押在自己的才能上，并假设我们在一开始就把一切都完美地做对了，要么我们可以更谨慎地进行。我们首先假设世界上会有我们想不到的事情、误解和变化，这意味着有一天我们可能需要重新审视我们的代码。复杂性成本！

我们对新想法持开放态度是很重要的。更重要的是，我们要不断地质疑自己的假设。然而，这并不意味着所有的想法都有同等的价值。有些想法是愚蠢的，应该予以摒弃；有些想法是伟大的，应该加以重视。

仅仅了解一门语言的语法，是不足以成为一名"程序员"的，更不用说成为一名优秀的程序员了。与高质量的设计相比，"X 语言中的习惯用法"没有那么有价值和重要。了解"API（应用程序接口）Y"的深奥细节并不会使你成为更好的软件开发人员，你可以随时查找这类问题的答案！

真正的技能——真正区别优秀程序员和糟糕程序员的东西——不是特定于语言或特定于框架的。它们在别处。

任何编程语言都只是一种工具。我有幸与一些世界级的程序员一起工作。这些人会用他们从未使用过的编程语言写出好的代码，他们会用 HTML 和 CSS 或 UNIX Shell 脚本或 YAML 编写漂亮的代码，我的一个朋友甚至写了可读的 Perl 代码！

有些概念比用来实现它们的语言更深刻、意义更深远。模块化就是这些概念之一。如果你的代码不是模块化的，那么它几乎肯定不会有模块化的代码那么好！

9.3 可测试性的重要性

我是测试驱动开发的早期采用者，在肯特·贝克于 1999 年出版《解析极限编程：拥抱变化》一书时，我尝试性地朝着这个方向迈出了第一步。我的团队对肯特这个有意思的想法进行了实验，并在同一年出了错。尽管如此，我们还是从这种方法中获益良多。

在我的职业生涯中，测试驱动开发是软件开发实践迈出的意义最重大的步伐之一。令人困惑的是，我如此重视它的原因与我们通常设想的“测试”没有多大关系。事实上，我现在认为肯特·贝克在测试驱动开发中包含“测试”是犯了一个错误，至少从市场营销的角度来看是这样的。不，我不知道他应该把它的名字改成什么！

第 5 章讲述了我们如何从测试中快速、准确地获得关于设计质量的反馈，以及如何使代码具有可测试性来提高其质量。这是一个极其重要的思想。

除了经验丰富、技术娴熟的程序员的良好判断力之外，很少有什么东西可以为我们提供关于设计质量的早期反馈。当我们试图改变设计时，我们可能在几周、几个月或几年后才能了解到我们的设计是好是坏，但除此之外，就没有客观衡量质量的标准了。除非，我们试图由测试来驱动我们的设计。

如果我们的测试很难写，就意味着我们的设计很差。我们会马上收到信号。当我们试图为下一个增加的行为改进设计时，我们会得到关于设计质量的反馈。如果我们遵循测试驱动开发的“红、绿、重构”行为准则，我们自然会获得这些经验。当我们的测试难以编写时，我们的设计就比它本应有的样子糟糕。如果我们的测试很容易编写，那么我们所测试的内容必定会展示出我们认为能够标志代码高质量的特性。

然而，这并不意味着测试驱动的设计方法会自动创建优秀的设计。它不是魔杖。它仍然依赖于设计师的技能和经验。一个优秀的软件开发人员仍然会比一个糟糕的开发人员创造出更好的成果。测试驱动我们设计，促使我们创建可测试的代码和系统，因此，尽管我们的经验和才能是有局限的，我们依然能够改善成果。

任何其他我能想到的技术都难以真正做到类似的程度！如果我们要从工艺转向工程，那么这个**才能放大器**就是一个重要的工具。

如果我们立志成为工程师，只是建议人们"做得更好"是不够的。我们需要能够指导和帮助我们获得更好结果的工具。在我们的系统中努力实现可测试性就是这样一个工具。

9.4　可测试性设计提高模块化

让我们回到主题上来，在模块化的背景下具体思考这个问题。实现可测试性的设计是如何更好地促进模块化的？

如果我想测试飞机机翼翼型的有效性，我可以建造一架飞机，然后试飞。这是一个糟糕的想法，即使是建造了第一架动力可控飞机的莱特兄弟也意识到这样不会奏效。

如果你采用这种相当幼稚的方法，那么在你了解任何性能表现之前，你必须先完成所有工作。当你试图采用这种方式时，你将如何通过测量来对比这种翼型与另一种翼型的有效性呢？建造另一架飞机吗？

即便如此，你又如何比较结果呢？也许当你驾驶第一架原型机时比驾驶第二架的时候风更大；也许你的飞行员在第一次飞行时吃了比第二次飞行时更丰盛的早餐；也许是气压或温度变化了，所以机翼产生了不同的升力；也许两次飞行的燃料批次不同，所以发动机产生的动力不同。你要如何管理所有这些变量呢？

如果你采用这种针对整个系统的、瀑布式方法来解决这个问题，系统的复杂性现在就扩大到了包括翼型运作的整个环境。

科学测量翼型的方法是控制这些变量，并在实验中对它们进行标准化。我们怎样才能降低复杂性，使我们从实验中得到的信号更清晰？我们可以把两架飞机放到一个更可控的环境中，比如一个大风洞。这样可以更精确地控制机翼上方的气流和风力。也许我们可以在温度和压力可控的环境下进行。只有通过这些控制，我们才能期望得到更加可重复的结果。

如果我们打算按照这样的方式着手进行实验，对于这个问题，我们其实并不需要发动机或飞行控制系统或飞机的其他部分。为什么不分别用我们想要测试的翼型做两个机翼模型，在温度和压力可控的风洞中测试这些模型？

这样实验肯定比单纯试飞更精确，但仍然需要我们把整个机翼建造两次。为什么不为每个翼型做一个小模型呢？尽可能精确地制作每个模型，使用完全相同的材料和技术，并对两者进行比较。如果我们想要走得更远，我们可以在更小的规模上做到这一点，我们需要一个更简单的风洞。

这些飞机的小部件就是模块。这些部件当然会影响整个飞机的性能，但它们只专注于问题的特定部分。的确，这样的实验只能给你一个部分真实的画面。飞机涉及的空气动力学知识比机翼涉及的要复杂得多，但模块化意味着我们可以测量那些没有模块化就无法测量的东西，所以部件肯定比整体更容易测试。

在现实世界中，这就是你进行实验的方式，用于确定机翼的形状和其他因素如何影响升力。

模块化为我们提供了更好的控制和更精确的测量。让我们把这个例子转移到软件领域。假设你正致力于系统 B 的工作，它位于系统 A 的下游和系统 C 的上游（见图 9-1）。

图 9-1 耦合系统

这是复杂组织中大型系统的典型情况。这就产生了一个问题：我们要如何测试我们的工作呢？许多，甚至可能是大多数，面临这个问题的组织都仓促地做出这样一个假设，即为了确保系统可以安全使用，必须一起测试所有的东西。

这种方法存在许多问题。首先，如果我们只在这个范围内进行测量，那么我们面对的是"测试整架飞机"的问题。整个系统太复杂，以至于我们会缺乏准确性、可重复性、可控性，以及对我们所收集的结果真正意味着什么的清晰可见性。

我们不能精确地评估系统中我们自己的部分，因为上游和下游部分，系统 A 和系统 C，阻碍了我们。由于这一决定，有许多类型的测试根本不可能进行。如果系统 A 向系统 B 发送格式错误的消息，系统 B 会怎么样？

当实际的系统 A 正在发送格式正确的消息时，这种情况是不可能测量到的。当系统 C 的通信通道中断时，系统 B 应该如何响应？

同样，当实际的系统 C 就绪时，我们也无法测试到该情况，因为此时系统 C 可以正常通信，这就妨碍了我们伪造通信错误。

我们收集的结果并不能告诉我们太多。如果测试失败，是因为我们的系统有问题，还是其他系统的原因？也许失败意味着我们上游或下游的系统版本是错误的。如果一切正常，是因为我们准备好发布了吗？还是因为我们试图评估的情况过于简单，由于这个巨型系统不是可测试的，所以并没有真正找到真正存在的 bug？

如果我们测量整个复合系统（见图 9-2），我们的结果就会是模糊的、令人困惑的。图 9-2 说明了一个重要的问题：我们需要弄清楚我们测量的是什么，我们需要弄清楚我们测量的价值。如果我们在图 9-2 所示的系统中进行端到端测试，那么我们测试的目标是什么？我们希望展示什么？如果我们的目标是证明所有的部分可以一起工作，那么，这在某些情况下可能是有用的，但是这种形式的测试不足以告诉我们系统 B（在此情况下我们真正负责的系统）是否真的在工作。这些类型的测试唯一的意义是，它们可以作为更好、更彻底、更模块化的测试策略的一个补充，一个小补充。它们当然不能取代更详细的测试，要证明我们的系统 B 是正常工作的，更详细的测试是必要的！

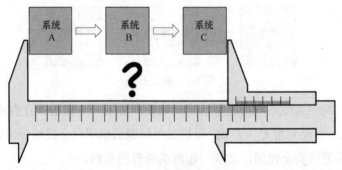

图 9-2　测试耦合系统

那么，怎样才能实现更详细的测试呢？我们需要一个**测量点**，它是我们整个系统中的一个位置，我们可以在这样的位置上插入某种探测器，这样我们就可以可靠地收集测量数据。在图 9-1、图 9-2、图 9-3 这一系列图中，我将这些"测量点"表示为虚构的卡尺。实际上，我们讨论的是能够将测试数据注入**被测系统**（system under test，SUT）中，调用其中的行为，并收集输出，以便我们能够解读结果。我知道卡尺有点儿"俗气"，但这就是我在考虑测试系统时的思维模式。我打算把我的系统插入某种**测试台**中，这样我就可以对它进行评估。我需要一个测量装置（我的测试用例和测试基础结构），它允许我将探测器附在被测系统上，以便我可以看到被测系统的行为。

图 9-2 中的卡尺不是很有用，我们已经探讨过原因，但也是因为系统越大、越复杂，结果就越不稳定。我们还没有对变量进行足够的控制，以便得到一个清晰、可重复的结果。

如果你有一套自动化测试来评估你的软件，以确定它是否可以发布，而这些测试并不是每次都产生相同的结果，那么这些结果到底意味着什么呢？

如果我们的目标是应用一些工程思维，我们就需要认真对待我们的测量。我们需要能够依赖它们，这意味着我们需要它们是确定性的。对于任何给定的测试或评估，在给定被测软件的版本相同的情况下，我应该希望每次运行都能够看到相同的结果，无论我运行多少次，不管运行时发生了什么。

这个主张有足够的价值，如果有必要，为了实现可重复的结果，做额外的工作是值得的。它不仅会影响我们编写的测试以及如何编写测试，更重要的是，它还会影响我们的软件设计，而这正是这种工程方法的真正价值开始显现的地方。

当我们建立金融交易所时，系统在一定程度上是完全确定的，我们可以将生产输入录下来，并在一段时间后重放它们，以便使系统在测试环境中进入**完全相同的状态**。我们一开始并没有设定这个目标。这是我们实现了一定程度的可测试性的意外结果，并因此实现了确定性。

复杂性和确定性

随着被测系统复杂性的增长，我们测量的精度就会降低。例如，如果我有一个软件，其性能是至关重要的，我可以将其隔离，并放入某种测试台中，从而我可以创建一系列受控测试来测试它。我可以做一些事情，比如放弃早期的运行以消除运行时（runtime）优化的任何影响，以及我可以对足够多的软件执行过程运行测试，用统计技术来分析我收集的数据。如果我足够认真地对待这些事情，我的测量可以精确到并可再现到微秒，有时甚至是纳秒。

对于任何规模的系统，在对整个系统进行性能测试时，做同样的事情实际上都是不可能的。如果我测量整个系统的性能，变量就会"爆炸"。运行我的代码的计算机上同时还在执行哪些其他任务？网络呢？在我的测量正在进行的时候，还有其他任务在用它吗？

即使我控制了这些任务，锁住了它们对网络和对性能测试环境的访问，现代操作系统仍然是复杂的东西。如果在我的测试运行的时候，操作系统决定做一些清理工作，该怎么办？这肯定会影响结果的准确性，不是吗？

随着系统的复杂性的增长和规模的扩大，确定性更难实现。

计算机系统中缺乏确定性的真正的根本原因是并发性。它可能是各种形式的。时钟滴答滴答地增加系统时间，是并发的一种形式；而操作系统在它认为空闲的时间里重新组织磁盘，则是另一种形式的并发。然而，在没有并发的情况下，数字系统是具有确定性的。对于相同的字节和指令序列，我们每次都得到相同的结果。

模块化的一个有用的驱动因素是隔离并发性，这样每个模块都是确定的，且可以可靠地进行测试。构建系统，以便可以按顺序进入模块，其结果就更加可预测了。以这种方式编写的系统**非常**好用。

这似乎是一个相当深奥的观点，但是在一个系统中，用户观察到的每个行为都是确定的，以我所描述的方式，这个系统将是非常可预测和可测试的，没有想不到的副作用，至少在我们测试的限度内是这样的。

大多数系统不是这样构建的，但是如果我们采用工程主导的方法来设计它们，它们就可以这样构建。

相反，如果我们可以使用卡尺只测量我们自己的组件（见图 9-3），我们就可以以更高的准确度和精密度以及更高的可靠性进行测量。把我的类比延伸到临界点，我们也可以测量问题的其他方面。

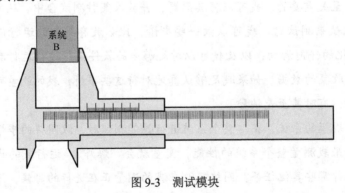

图 9-3　测试模块

那么，提高测量的精密度和明确性，需要什么？我们希望我们的测量点是稳定的，这样在其他条件相同的情况下，我们每次测量都能得到相同的结果。我们希望我们的评估是具有确定性的。

我们还希望不必在每次系统变更时都从头开始重新创建测量点。

明确地说，我在这里描述的是一个稳定的、模块化的接口，用于系统中我们想要测试的部分。我们把更小的模块组成更大的系统，这些模块具有明确定义的输入输出接口。这种架构方法让我们能够在这些接口上测试系统。

当你读到这里时，我希望这看起来是显而易见的。问题是，现实世界中很少有计算机系统是这样的。

如果我们把通过自动化测试来测试我们创建的系统作为我们工作的一个基本部分，那么如果我们做错了，我们就会被迫做额外的工作，这会促使我们创建更加模块化的系统。模块化和可测试性是分形的。从整个企业系统到单个方法、函数和类，在所有粒度级别上都是如此。

以本书假设的方式测试一个系统是根本不可能的，在某种程度上，那不是模块化的。我们需要那些“测量点”。模块化支持并增强了我们的测试能力，而通过测试来引导我们的设计，也促进了模块化。

这并不一定意味着只适用于一组微小的、独立的组件。这同样适用于大型复杂系统。这里的关键是理解有意义的测试范围，努力使这些测试容易实现，并使其生成的结果保持稳定。

当我参与创建金融交易所时，我们将整个企业系统视为一个单一系统，但我们为每个外部交互建立了清晰、定义良好的集成点，并伪造了那些外部系统。现在我们有了控制能力。既然如此，我们可以注入新的账户注册，并收集数据，在实际操作中，这些数据会被发送到银行或清算所等机构。

我们的一些测试允许我们将整个系统视为一个黑盒，注入数据以使系统进入适当的测试状态，然后收集其输出来评估系统的响应。我们将系统与第三方系统交互的每一个点以及每一个集成点视为测量点，可以把这些点插入我们的测试基础结构中。这是可能的，因为我们整个企业系统的设计从第一天开始就考虑到了可测试性。

我们的系统还是非常模块化和松耦合的。因此，除了对整个系统进行评估外，我们还可以对单个服务级组件进行更详细的测试。不可避免的是，服务中的所有行为都是使用细粒度的测试驱动开发技术开发几乎每一行代码的。我们还可以测试系统行为的微小部分，而不受其他部分的影响。正如我所说，模块化和可测试性是分形的。

可测试性深刻地影响了我们所做的架构选择，并且随着时间的推移，不仅对明显的质量度量标准产生了深远影响，比如我们能找到多少 bug，或是几乎找不到 bug，而且更微妙——也许更重要的是，对我们系统的架构划分也产生了深远影响。

从历史上看，我们整个行业曾经低估了甚至是忽略了**可测试性**的重要性，特别是将测试优先的开发作为工具来驱动优秀的设计，并为我们提供关于设计质量的早期、清晰的反馈。

9.5 服务和模块化

在软件术语中，服务的概念相当模糊。例如，没有主流语言直接支持服务的概念，但这一概念仍然非常普遍。软件开发人员会争论什么是好的服务，什么是坏的服务，并将他们的系统构建成支持相应概念的。

从纯实践的角度来看，我们可以将服务看作向其他代码交付某种"服务"的代码，并隐藏它交付该"服务"的细节，这只是"信息隐藏"的概念。在系统增长的过程中管理系统的复杂性，这是非常重要的（见第 12 章）。识别系统设计中的"接缝"是一个非常好的主意，系统的其余部分不需要知道，也不应该关心在这些"接缝"的另一边发生了什么及其细节。这就是设计的精髓。

于是，服务为我们提供了一种组织思路，即在系统中隐藏细节的小分隔块。这是一个有用的想法。因此，服务当然可以被合理地视为系统的模块。如果是这样的话，这些"接缝"呢？服务或模块在这些"接缝"处接触到其边界以外的东西。在软件术语中，能够为"服务"概念提供任何意义的是，它代表了边界。在边界的两边，什么是已知的，什么是暴露的，两者之间是有区别的。

我在较大型的代码库中看到的最常见的问题之一，就是忽视这种差异的结果。通常，表示这些边界的代码与其两边的代码难以区分。我们使用相同类型的方法调用，甚至跨这些边界传递相同的数据结构。在这些点上没有对输入进行验证，也没有对输出进行组合和抽象。这样的代码库很快就会变得混乱不堪，难以更改。

在这方面已经取得了进步，但只是一小步，在某种程度上，我们是偶然迈出这一步的。这就是向 REST API 的转变。

我的部分背景是高性能计算,所以我对使用文本、XML 或 HTML 作为服务之间信息流的编码方式的想法有点儿冷淡,这种方式**太慢**了!然而,它确实大力推动了在服务或 API 边缘设置转换点的想法。你将输入的消息转换为某种更易于处理的形式以供服务使用,并将服务的输出转换为某种可怕的、大的、缓慢的、基于文本的消息以供输出。(抱歉,我的偏见在这里蔓延了。)

不过,软件开发人员仍然错误地理解了这一点。即使在按照这些路线构建的系统中,我仍然看到直接传递 HTML 的代码,并且整个服务都与那段 HTML 交互——这很糟糕!

应该更加小心地处理"接缝"或边界。它们应该是信息的转换和验证点。服务的入口点应该是一个小型防御屏障,用来限制服务的使用者最糟糕的滥用。我在这里描述的是单个服务级别上的端口和适配器类型的模型。这种方法对于通过标准方法或函数调用进行通信的服务,应该与对于使用 HTML、XML 或任何其他消息传递形式的服务一样适用。

这里的基本思想是模块化!如果暴露了相邻模块的内部工作原理,系统就不是模块化的。模块(和服务)之间的通信应该比模块内部的通信更谨慎一些。

9.6 可部署性和模块化

在我的书《持续交付:发布可靠软件的系统方法》中,我和耶斯·亨布尔描述了一种组织我们工作的方法,可以使我们的软件始终是可发布的。我们建议(并将持续建议)你在工作中使用这种方法,使你的软件始终处于可发布的状态。保障这种可重复的、可靠的软件发布能力的一部分因素,是确保它是易于简单部署的软件。

自从写了《持续交付:发布可靠软件的系统方法》这本书,我现在更加深刻地相信,让我们的软件既可测试又可部署,这对我们的工作质量有着深远的影响。

我之前书中的核心思想之一是**部署流水线**,这是一种在一端接收提交,在另一端产生"可发布成果"的机制。这是一个关键概念。部署流水线不是构建或测试步骤的小工作流,它是一条从提交到生产的机械化路线。

这种解释是有一定含义的。这意味着构成"可发布"的一切都在部署流水线的范围内。如果流水线说一切都很好，就不应该有更多的工作要做，你可以轻松地什么都不用发布……不再需要集成检查、签核或分段测试。如果流水线说它是"好的"，那么它就"准备好了"！

这反过来又会对部署流水线的合理范围产生一些影响。如果它的输出是"可发布的"，那么它也必须是"可独立部署的"。有效的部署流水线的范围总是"可独立部署的软件单元"。

现在，这就对模块化产生了影响。如果部署流水线的输出是可部署的，这意味着该流水线构成了对我们软件的最终评估。至少在我们关心并认为安全且合理的程度上，其发布已经准备就绪，这是确定的。

如果我们要得出这个思想的逻辑结论，只有两种策略是有意义的。我们可以一起构建、测试和部署构成我们系统的所有东西，或者我们可以分别构建、测试和部署系统的各个部分。没有折中方案。如果我们对部署流水线的输出不够信任，觉得有必要用其他部署流水线的输出来测试它生成的结果，就会出现问题。此刻，我们的部署流水线发送给我们的消息就是不清楚的，由于我们正在努力成为工程师，所以这还不够好！

现在，我们的评估范围受到了影响。我们什么时候结束？是当我们的流水线完成时我们就完成了，还是当验证我们流水线的输出所需的所有其他流水线都已经运行了，我们才算完成了？如果是后者，那么我们进行变更的"周期时间"[①]也包含其他人变更的周期时间，所以我们拥有的是单体评估系统。

最具可伸缩性的软件开发方法是分发。降低团队及其产品之间的耦合和依赖性，使每个团队都能够独立地创建、测试和部署他们的工作，而无须参考其他团队。正是这种方法让亚马逊及其著名的"两个比萨团队"[②]实现了前所未有的增长。

从技术上讲，实现这种独立性的一种方法是认真对待系统的模块化，使每个模块在构建、测试和部署方面都独立于其他模块。这就是微服务。它们是模块化的，以至于我们不需要在发布之前用其他服务对它们进行测试。如果你把你的微服务都放在一起测试，它们就不是真正的微服务。微服务定义的一部分就是它们是"可独立部署的"。

---

① 周期时间是度量开发过程效率的标准。"从想法到用户手中有用的软件"需要多长时间？在持续交付中，我们使用优化的周期时间作为工具，指导我们采用更高效的开发方法。

② 众所周知，亚马逊在参考其首席执行官杰夫·贝索斯（Jeff Bezos）的一份备忘录之后进行了重组。贝索斯在他的备忘录中写道："……如果两个比萨不足以喂饱一个团队，那么这个团队就显得太大了。"

可部署性会增加模块化的风险。正如我们所看到的,可部署性定义了部署流水线的有效范围。如果我们重视基于快速、高效反馈的高质量工作,那么我们对真正有效的工作的选择就非常有限。

我们可以选择一起构建、测试和部署构成我们系统的所有内容,完全消除依赖关系管理问题[所有内容都存在于单一存储库(repository)中],但随后我们必须承担创建足够快的反馈的责任,以便让开发人员能够把工作做好,这可能需要大量的工程投资才能获得足够快地推动任何高质量过程的反馈。

或者,我们可以使每个模块在本质上独立于其他模块。我们可以分别构建、测试和部署这些内容,而不需要一起测试它们。

这意味着我们构建、测试和部署的范围变小了。它们每一个都更简单,所以更容易实现快速、高质量的结果。

然而,这有时会让我们付出巨大的代价,即我们系统的架构会更复杂、更加分布式。因此,我们不得不非常认真地对待模块化。

我们一定要为它进行设计,我们必须熟练掌握协议设计技术,以便模块之间的交互、模块之间的信息交换协议是稳定的,并且不允许以强制其他模块更改的方式进行更改。我们可能需要考虑和应用一些概念,比如 API 的运行时版本管理等。

几乎每个人都希望在这两个极端之间找到一个理想的中间方法,但它实际上并不存在。中间方法就是一个骗局,通常比每个人都竭力避免的单体方法更缓慢、更复杂。更加有组织的分布式方法,即微服务,它是我们所知道的扩大软件开发规模的最佳方法之一,但它不是一种简单的方法,而且需要我们付出一定的代价。

9.7　不同规模的模块化

模块化在任何规模上都很重要。在考虑系统级模块时,可部署性是一个有用的工具,但仅凭这一点还不足以创建高质量的代码。现代人们关注的是服务。

模块化是一个有用的架构工具,至少在过去 30 年里,它一直是我的系统设计方法的核心。然而,如果你设计的模块化止步于此,那么你的系统可能仍然是糟糕的、难以处理的。

如果如我所言，模块化的重要性在于其是帮助我们管理复杂性的工具，那么我们需要使代码具有可读性。每个类、方法或函数都应该是简单易读的，并且在适当的情况下，由更小的、独立可理解的子模块组成。

此外，测试驱动开发有助于促进编写这种细粒度的代码。为了使代码在这样的分辨率下是可测试的，像依赖注入（dependency injection）这样的技术鼓励代码具有更大的表面积。这在很大程度上影响了我们设计的模块化。

在较小的规模上，依赖注入是非常有效的工具，它对我们的代码施加压力，鼓励我们创建由许多小块组成的系统。依赖关系就是卡尺，即测量点，我们可以将其注入我们的系统中，以获得更彻底的可测试结果。同样，确保我们的代码是可测试的，会真正促进模块化的设计，从而使代码更易读。

有些人批评这种设计风格。这种批评的形式通常是，以这种方式更难理解具有更大表面积的代码，更难跟踪系统的控制流。这种批评没有切中要害。这里的问题是，如果为了测试代码暴露这个表面积是必要的，那么这个表面积就是代码的表面积。如果它被糟糕的接口设计和缺乏测试所掩盖，那么理解起来会困难多少？这种批评的根源其实在于，究竟是什么构成了"优秀的设计"。我建议，将我们的设计重点放在复杂性的管理上，这是定义代码"高质量"的一个有价值的基准。

测试，如果做得好，就会暴露一些重要且真实的东西，这些东西是关于我们代码的本质、我们设计的本质和我们正在解决的问题的本质的，而这些东西使用其他方式是不容易获得的。因此，它是我们武器库中创建更好、更加模块化的系统和代码的最重要的工具之一。

9.8　人类系统中的模块化

我会在第 15 章详细讨论这种工程思维的影响，但指出模块化在这方面的特殊重要性是有用的。我职业生涯的大部分时间都在研究大型计算机系统。在这样的领域里，人们不断地重复问自己"我们要如何扩大规模？"有时候这个问题是关于软件的，但这种情况很少见，大多数情况下，当大型组织中的人问这个问题时，他们真正的意思是"我们怎样才能增加更多的人，以便更快地开发软件？"

真正的答案是，对于任何给定的计算机系统，在这方面都有非常严格的限制。正如弗雷德·布鲁克斯所说：

> 你不可能在一个月内让 9 个女人生出一个孩子。[①]

然而，还有另一个选择：你可以在 9 个月内让 9 个女人生 9 个孩子，平均每个月生一个孩子。在这一点上，我或弗雷德的类比被打破了！

在软件领域，如果不是关于生孩子的问题，就是关于耦合的问题。只要这些部分是真正独立于其他部分的，是真正解耦的，我们就可以并行化所有我们想要的。一旦存在耦合，我们并行化的程度就会受到限制。

我们如何整合来自不同开发流的工作？如果你和我一样是个"书呆子"，这可能会让你想起什么。这是一个非常基本的问题。这是关于信息和并发的。当你有独立的信息流时，如果有任何重叠，将它们结合在一起形成一个连贯的整体的成本可能会非常高。将事情并行化的最佳方法是以一种不需要重新整合（9 个孩子）的方式进行。本质上，这就是微服务方法。微服务是一种组织上的可伸缩性游戏。它们其实没有任何其他优势，但让我们明确一点，如果可伸缩性是你的问题，这就是一个**很大**的优势！

我们知道，仅仅是在团队中增加更多的人并不会让团队更快地前进。在对 4000 多个软件项目的一项有趣的元数据研究中，比较了由 5 人或更少人组成的团队和由 20 人或更多人组成的团队的相对性能（创建 100000 行代码的时间），历时 9 个月，5 人团队只比 20 人团队多花了一个星期的时间。因此，小团队的人均生产力几乎是大团队的 4 倍[②]。

如果我们需要小团队来高效地创造优质的工作，那么我们需要找到方法来严格限制这些小团队之间的耦合。这不只是一个组织战略问题，也是一个技术问题。我们需要**模块化组织**，也需要**模块化软件**。

所以，如果我们想让我们的组织能够扩大规模，秘诀就是建立协作程度最低的团队和系统，我们需要将它们解耦。努力维护这种组织模块化是重要的，也是真正高效能的、具有可伸缩性的组织的真正标志之一。

[①] 引自弗雷德·布鲁克斯在 20 世纪 70 年代出版的一本颇具影响力且至今仍然适用的著作《人月神话》。

[②] 在一项研究中，定量软件管理（Quantitative Software Management，QSM）公司还发现，规模更大的团队在其代码中产生的缺陷会多出 5 倍。参见：QSM 公司官网上的文章《当你为了压缩日程而安排过多的工作人员时，匆忙会造成浪费》（"Haste Makes Waste When You Over-Staff to Achieve Schedule Compression"）。

9.9 小结

当我们对软件在未来应该如何工作没有全知的看法时，模块化是我们有能力取得进展的基石。在没有模块化的情况下，我们当然可以创建单纯的软件，来解决现在摆在我们面前的问题。但是，如果不以在软件的各个部分之间提供一些隔离层的方式工作，我们继续添加新想法和发展我们软件的能力将迅速减弱，以至于在一些实际的案例中，根本没有任何进展。这是我们抵御复杂性所需工具集中的第一个工具。

模块化作为一种设计思想是分形的。它不仅仅是我们编程语言支持的"模块"，无论模块的形式是什么。它比那更复杂、更有用。它的核心思想是，我们必须保持在一个地方更改代码和系统的能力，而不必担心这些更改对其他地方的影响。

这使我们开始考虑这个问题的其他方面，因此模块化与我们在管理系统复杂性时需要考虑的其他思想密切相关——比如抽象、关注点分离、耦合和内聚力。

第 10 章

内聚力

内聚力（在计算机科学中）的定义是"一个模块内的元素聚合在一起的程度"[①]。

10.1　模块化和内聚力：设计的基础

我最喜欢引用肯特·贝克的一句话来描述好的软件设计：

> 把不相关的东西进一步拉开，把相关的东西更紧密地放在一起。

这个简单、略带玩笑的话里有一些真实的道理。软件中好的设计其实与在我们创建的系统中组织代码的方式相关。所有我推荐的帮助我们管理复杂性的原则，实际上都是关于划分系统的。我们需要能够用更小、更容易理解、更容易测试、独立的部分来构建系统。为了实现这一点，我们当然需要一些技术，使我们能够"把不相关的东西进一步

———————————
① 资料来源：维基百科。

拉开"，但我们也需要认真对待"把相关的东西更紧密地放在一起"的需要。这就是内聚力的来源。

内聚力是这里比较模糊的概念之一。我可以做一些天真的事情，比如在我的编程语言中支持模块的想法，并因此声称我的代码是模块化的。这是错误的。简单地将一组不相关的东西扔到一个文件中，除了最微不足道的意义以外，并不会使代码模块化。

当我说到模块化时，我其实指的是系统的组件，这些组件能够真正地对其他组件（模块）隐藏信息。如果模块内的代码不是内聚的，就做不到这一点。

问题是，这容易引起过于简单的解释。这可能就是实践者的技巧、技能和经验真正发挥作用的地方。真正模块化的系统和内聚力之间的平衡点常常让人感到困惑。

10.2　内聚力的基本降低

你多久会看到一段这样的代码，它检索数据，解析数据，然后将数据存储到其他地方？"存储"步骤肯定与"变更"步骤有关吗？这难道不是很好的内聚力吗？这些都是我们同时需要的步骤，不是吗？

其实不是——让我们看一个例子。首先，我要说明：这里很难将几个概念分离开来。这段代码不可避免地要对这一部分中的每一个概念进行一些演示，所以我希望你关注到它涉及内聚力的地方，并当我也涉及关注点分离、模块化等概念时，你能会意地一笑。

代码清单 10-1 显示了一段令人相当不快的演示代码。然而，我的目的是为我们提供一些具体的东西以供探索。这段代码读取了一个包含单词列表的小文件，按字母顺序对这些单词进行排序，然后把排序后的列表写入一个新文件——加载、处理和存储！

对许多不同的问题来说，这都是一个相当常见的模式：读取一些数据，对其进行处理，然后将结果存储在其他地方。

代码清单 10-1　非常糟糕的代码，"天真"的内聚力

```
public class ReallyBadCohesion
{
    public boolean loadProcessAndStore() throws IOException
    {
        String[] words;
        List<String> sorted;
```

```
        try (FileReader reader =
                    new FileReader("./resources/words.txt"))
        {
            char[] chars = new char[1024];
            reader.read(chars);
            words = new String(chars).split(" |\0");
        }

        sorted = Arrays.asList(words);
        sorted.sort(null);

        try (FileWriter writer =
                    new FileWriter("./resources/test/sorted.txt"))
        {
            for (String word : sorted)
            {
                writer.write(word);
                writer.write("\n");
            }
            return true;
        }
    }
}
```

我发现这段代码极其令人不快，我不得不强迫自己这样写。这段代码正在大喊"关注点分离差""模块化差""紧耦合"和几乎"零抽象"，但是内聚力呢？

这里我们所拥有的一切功能都是在一个函数中实现的。我看到过许多像这样的生产代码，只是通常要长得多、复杂得多，所以更糟糕！

关于内聚力的一个天真的看法是，一切都在一起，而且很容易看到。所以暂时忽略其他管理复杂性的技术，这更容易理解吗？你要花多长时间才能理解这段代码的作用？如果我没有提供描述性的方法名来帮助你理解，你又需要多长时间？

现在看看代码清单 10-2，它有了微小的改进。

代码清单 10-2　糟糕的代码，稍微好一些的内聚力

```
public class BadCohesion
{
    public boolean loadProcessAndStore() throws IOException
    {
        String[] words = readWords();
        List<String> sorted = sortWords(words);
        return storeWords(sorted);
    }

    private String[] readWords() throws IOException
```

```
    {
        try (FileReader reader =
                    new FileReader("./resources/words.txt"))
        {
            char[] chars = new char[1024];
            reader.read(chars);
            return new String(chars).split(" |\0");
        }
    }

    private List<String> sortWords(String[] words)
    {
        List<String> sorted = Arrays.asList(words);
        sorted.sort(null);
        return sorted;
    }

    private boolean storeWords(List<String> sorted) throws IOException
    {
        try (FileWriter writer =
                    new FileWriter("./resources/test/sorted.txt"))
        {
            for (String word : sorted)
            {
                writer.write(word);
                writer.write("\n");
            }
            return true;
        }
    }
}
```

代码清单 10-2 仍然不是很好,但它是更加具有内聚力的:代码中紧密相关的部分描述得更清楚,而且从字面上看更紧密。简单地说,你需要知道的关于 readWords 的一切都被命名并包含在一个单独的方法中。现在可以清楚地看到 loadProcessAndStore 方法的整个过程,即使我选择了一个描述性不那么强的名称。这个版本中的信息比代码清单 10-1 中的信息更加具有内聚力。现在,即使代码在功能上是完全相同的,但是关于代码的哪些部分之间的关系更密切,这一点已经明显更清楚了。所有这些都使这个版本明显更易读,因此也更易于修改。

注意,代码清单 10-2 中的代码行数更多。这个例子是用 Java 编写的,它是一种相当冗长的语言,创建样板的成本很高,但即使不使用这种语言,提高可读性也需要一些小开销。这未必是一件坏事!

在程序员中有一个共同的愿望,就是减少他们的打字量。清晰、简洁是有价值的。

如果我们能够简单地表达想法，这就具有重要的价值，但你不能用输入最少字符来衡量简单性。`ICanWriteASentenceOmittingSpaces` 更短，读起来却不太舒服！

为了减少打字而优化代码是错误的。我们在为错误的事情进行优化。代码是一种沟通工具，我们应该用它来沟通。当然，它也需要是机器可读和可执行的，但这不是它的主要目标。如果是的话，那么我们仍然可以通过打开、关闭计算机前面的开关或编写机器代码来为系统编程。

代码的主要目标是把想法传达给人。 我们写代码是为了尽可能清晰和简单地表达想法——至少它应该是这样工作的。我们永远不应该以晦涩为代价而选择简洁。在我看来，使我们的代码具有可读性，既是一种需要注意的职业责任，也是管理复杂性最重要的指导原则之一。所以我更愿意为了减少思考而优化，而不是为了减少打字而优化。

回到代码：第二个例子显然可读性更强。看出它的意图更容易，但它仍然是非常可怕的，它不是模块化的，没有太多的关注点分离，它是不灵活的，它为文件名使用硬编码字符串，除了运行整个过程和处理文件系统之外，它是不可测试的。但是我们提高了内聚力。现在代码的每个部分都专注于任务的一个部分。每个部分只能访问完成该任务所需的内容。我们将在后面的章节中回到这个例子，看看我们如何进一步改进它。

10.3　上下文很重要

我问一位朋友，我欣赏他的代码，他是否有什么建议来证明内聚力的重要性，他推荐了一段"芝麻街"（Sesame Street）YouTube 视频，"这些东西每一个都不一样"（One of these things is not like the others）。

这是一个玩笑，但也提出了一个关键点。与其他管理复杂性的工具相比，内聚力是与上下文更加相关的。根据上下文，"所有这些东西可能都不一样"。

我们必须做出选择，而这些选择与其他工具紧密地交织在一起。我不能清楚地把内聚力与模块化或关注点分离分开，因为这些技术有助于定义内聚力在我的设计上下文中的含义。

推动这种决策制定的一个有效工具是领域驱动设计（domain-driven design，DDD）[①]。

---

① "领域驱动设计"源自埃里克·埃文斯（Eric Evans）写的一本书的书名，它是一种软件系统设计的方法。

让我们的思维和设计能够由问题领域来引导，有助于我们识别从长远来看更有可能受益的途径。

领域驱动设计

领域驱动设计是一种设计方法，我们的目标是捕捉代码的核心行为，本质上是对问题领域的模拟。我们的系统设计旨在准确地对问题进行建模。

这种方法包括一些重要的、有价值的思想。

它使我们减少了误解的可能性。我们的目标是创建一种"普遍的语言"，用来在问题领域中表达想法。这是用来在问题领域中描述想法的一种公认的、准确的语言，使用一致的词语，并具有公认的含义。然后，我们也可以将这种语言用在谈论系统设计上。

所以，如果我正在谈论我的软件，我说这个"限定顺序是匹配的"，那么这在代码方面是有意义的，其中"限定顺序"和"匹配"的概念被清楚地表示出来，并被命名为 LimitOrder 和 Match。这和我们在与非技术人员用业务术语描述场景时使用的词完全相同。

这种普遍的语言通过捕获需求和高级测试用例被有效地开发和改进，这些测试用例可以充当能够推动开发过程的"系统行为的可执行规范"。

领域驱动设计还引入了"有界上下文"（bounded context）的概念，这是共享共同概念的系统的一部分。例如，订单管理系统中的"订单"概念可能与计费系统中的"订单"概念不同，因此这是两个截然不同的有界上下文。

领域驱动设计是一个非常有用的概念，可以帮助我们在设计系统时识别合理的模块或子系统。以这种方式使用有界上下文的最大优势是，它们在实际问题领域中自然是更加松耦合的，因此它们很可能指导我们创建更加松耦合的系统。

我们可以使用像普遍的语言和有界上下文这样的思想来指导我们的系统设计。如果我们遵循它们的指引，我们就会趋向于构建更好的系统，它们帮助我们更清楚地看到我们系统的核心、本质复杂性，并将其与偶然复杂性区分开来，否则，这些偶然复杂性通常会掩盖我们代码真正想要做的事情。

> 如果我们将系统设计成对问题领域的模拟，那么根据我们对它的了解，从问题领域的角度来看，一个被视为微小变化的想法也将是代码中的一小步。这是一个很好的特性。
>
> 领域驱动设计是创建更好的设计的强大工具，它提供了一套组织原则，可以帮助指导我们的设计工作，并鼓励我们改进代码中的模块化、内聚力和关注点分离。同时，它引导我们对代码进行粗粒度的组织，这种组织自然更加松耦合。

帮助我们创建更好的系统的另一个重要工具是关注点分离，我们将在第 11 章更详细地讨论它。目前，它可能是我拥有的最接近规则的东西，用来指导我自己编程。"一个类，一件事；一个方法/函数，一件事。"

到目前为止，我非常不喜欢本章中给出的两个代码示例，而且我在向你展示它们时有点儿尴尬，因为我的设计直觉告诉我，这两个例子中的关注点分离都非常糟糕。代码清单 10-2 要好一点儿。至少每个方法现在只做一件事情，但是类仍然很糟糕。如果你还没有看出来，我们将会在第 11 章看看为什么这很重要。

最后，在我的工具箱中，还有可测试性。在我开始编写这些糟糕的代码示例时，就像我一直以来在编写代码时所做的那样：从编写测试开始。但是这次我几乎不得不立即停下来，因为我不可能在实践测试驱动开发的同时写出这么糟糕的代码！我不得不放弃测试，重新开始，我承认我感觉好像回到了过去。我确实为我的例子编写了测试，来检查它们是否符合我的预期，但是这段代码不适合测试。

可测试性强有力地支持模块化、关注点分离，以及我们在高质量代码中重视的其他属性。这反过来又帮助我们在设计中对我们喜欢的上下文和抽象，以及在哪里使我们的代码更有内聚力，做出初步的粗略估计。

注意，这里不做任何保证，这是本书的终极观点。没有简单的、千篇一律的答案。这本书提供了一些思想工具，当我们没有答案时，可以帮助我们构建思维。

本书中的技术并不是为了向你提供答案，这仍然取决于你。它们更像是为你提供一系列的思想和技巧，让你在不知道答案的情况下也能安全地取得进展。当你创建一个真正复杂的系统时，情况总是如此。我们永远不知道答案，直到我们完成！

你可以认为这是一种相当具有防御性的方式，确实如此，但目的是保持我们选择的自由。这是管理复杂性的重要好处之一。随着我们了解的深入，我们可以不断地修改代码。我认为比"防御性"更好的形容词是"增量式"。

我们通过一系列实验，增量式地取得进展，我们使用**管理复杂性**的技术来保护我们自己，避免犯下破坏性太大的错误。

这就是科学和工程的工作原理。我们控制变量，迈出一小步，评估我们所处的位置。如果我们的评估表明我们犯了一个错误，那么我们就后退一步，决定下一步尝试什么。如果看起来没问题，我们就控制变量，再迈出一小步，以此类推。

另一种思考方式是，软件开发是一种进化过程。作为程序员，我们的工作是引导我们的学习和我们的设计，通过增量式过程，朝着理想的结果发展。

10.4 高性能软件

对于令人不快的代码，就像代码清单 10-1 所示，一个常见的借口是，如果想要高性能，就必须编写更复杂的代码。在我职业生涯的后半部分，我致力于高性能的尖端系统，我可以向你保证，情况并非如此。高性能系统需要简单、设计良好的代码。

想想**高性能**在软件方面意味着什么。为了实现"高性能"，我们需要用最少的指令完成最大的工作量。

我们的代码越复杂，通过代码的路径就越有可能不是最优的，因为通过代码的"最简单的可能路线"被代码本身的复杂性所掩盖。对许多程序员来说，这是一个令人惊讶的想法，但是快速编码的途径是编写简单、易于理解的代码。

当你开始从更广阔的系统视角看问题时，这一点就更加正确了。

让我们再来回顾一下我们的例子。我曾经听到过程序员们这么说，代码清单 10-1 中的代码会比代码清单 10-2 中的代码运行得更快，因为代码清单 10-2 增加了方法调用的"开销"。恐怕对大多数现代语言来说，这是毫无意义的说法。大多数现代编译器会查看代码清单 10-2 中的代码，并内联（inline）这些方法。大多数现代编译器会做更多的事情。现代编译器在优化代码以使其在现代硬件上高效运行方面做得非常出色。当代码简单且可预测时，它们会表现得更出色，因此你的代码越复杂，你从编译器的优化器中获得的帮助就越少。一旦代码块的圈复杂度（cyclomatic complexity）①超过某个阈值，编

---

① 一种软件度量标准，用来表示程序的复杂度，也被称为循环复杂度。

译器中的大多数优化器就会放弃尝试。

我对这两个版本的代码运行了一系列基准测试。效果都不是很好，因为这两段代码很糟糕。我们没有充分地控制变量，所以不能真正清楚地看到发生了什么，但显而易见的是，这个级别的测试没有真正可度量的差异。

这些差异太小，无法与这里发生的其他一切区别开来。一次运行，BadCohesion 版本表现最好；另一次运行，ReallyBadCohesion 表现最好。在一系列基准测试运行中，loadProcessStore 方法的每 50000 次迭代，总的差异不超过 300 毫秒，所以平均下来，每次调用的差异大约为 6 纳秒，实际上这种差异对于支持带有附加方法调用的版本稍微常见一些。

这是一个糟糕的测试，因为我们感兴趣的是方法调用的成本，它与 I/O 成本相比就相形见绌了。可测试性——在本例中是性能可测试性，可以再次帮助指导我们获得更好的结果。我们将在第 11 章更详细地讨论这个问题。

"引擎盖下"发生了太多的事情，即使是专家也很难预测结果。答案是什么？如果你真的对你的代码性能感兴趣，不要猜测什么是快的，什么是慢的。度量它！

10.5　与耦合的联系

如果我们想要保持探索的自由，并且有时会犯错误，我们需要担心**耦合**的成本。

耦合：给定两行代码 A 和 B，当只因 A 改变了， B 就必须改变行为时，它们是耦合的。

内聚力：当对 A 的更改允许 B 进行更改，从而两者都增加了新的价值时，它们是具有内聚力的。[1]

耦合确实是一个过于通用的术语。有不同类型的耦合需要考虑（我们将在第 13 章中更详细地探讨这个概念）。

一个没有耦合的系统，这种想象是荒谬的。如果我们想让系统的两个部分通信，它们必须在某种程度上耦合。因此，与内聚力一样，耦合是一个程度的问题，而不是任何

---

[1] 耦合与内聚力在著名的 C2 Wiki 上有描述。

一种绝对的度量标准。然而，不恰当的耦合程度其成本是非常高的，因此在我们的设计中考虑它的影响很重要。

耦合在某种程度上是内聚力的代价。在系统中具有内聚力的部分，它们可能也会耦合得更紧密。

10.6　测试驱动开发推动高内聚力

使用自动化测试，特别是测试驱动开发，来驱动我们的设计，给我们带来了很多好处。努力为我们的系统实现可测试的设计和良好抽象的、以行为为中心的测试，将对我们的设计施加压力，以使我们的代码具有内聚力。

在我们编写代码来描述系统中我们打算观察的行为之前，先创建一个测试用例，这使得我们可以专注于代码的外部 API/接口的设计，无论那是什么。现在我们要写一个实现，来实现我们创建的小型可执行规范。如果我们编写了过多的代码，超过了满足规范所需要的，那么我们就是在欺骗我们的开发过程，并且降低了实现的内聚力。如果我们写得太少，行为意图就不会得到满足。测试驱动开发的行为准则鼓励我们找到内聚力的最佳点。

一如既往，依旧没有任何保证。这并不是一个机械的过程，它仍然依赖于程序员的经验和技能，但是这种方法会对程序员施加压力，使他们努力实现更好的、前所未有的成果，并放大他们的技能和经验。

10.7　如何实现内聚软件

度量内聚力的关键标准是变更的程度或成本。如果你不得不在代码库的许多地方进行更改来完成一次变更，那么这就不是一个非常内聚的系统。内聚力是功能相关性的一种度量标准。它是对目标关联性的度量。这是难以做到的事情！

让我们来看一个简单的例子。

如果我创建一个类，这个类有两个方法，每个方法都与一个成员变量相关联（见代码清单 10-3），这样内聚力很差，因为这些变量实际上是没有联系的。它们特定于不同的方法，但在类的级别上却存储在一起，即便它们是不相关的。

代码清单 10-3　更差的内聚力

```python
class PoorCohesion:
    def __init__(self):
        self.a = 0
        self.b = 0

    def process_a(x):
        a = a + X

    def process_b(x):
        b = b * x
```

代码清单 10-4 展示了一个更好、更具有内聚力的解决方案。注意，除了更具有内聚力之外，这个版本也更加模块化，并具有更好的关注点分离。我们无法回避这些概念之间的联系。

代码清单 10-4　更好的内聚力

```python
class BetterCohesionA:
    def __init__(self):
        self.a = 0

    def process_a(x):
        a = a + X

class BettercohesionB:
    def __init__(self):
        self.b = 0
    def process_b(x):
        b = b * x
```

结合管理复杂性的其他原则，实现可测试设计的愿望帮助我们提高了解决方案的内聚性。这方面的一个很好的例子是认真对待关注点分离的影响，尤其是在考虑从本质复杂性[①]中分离偶然复杂性[②]时。

代码清单 10-5 展示了 3 个简单的例子，它们通过有意识地专注于分离"本质"和"偶然"复杂性，提高了代码的内聚力。在每个例子中，我们都将商品添加到购物车中，将

[①] 系统的本质复杂性是指解决问题所固有的复杂性，例如，计算利率，或向购物车中添加商品。

[②] 系统的偶然复杂性是指强加在系统上的复杂性，这是因为我们是在计算机上运行的。它是解决我们真正感兴趣的问题的副作用，例如，信息持久化、处理并发性或复杂的 API 等问题。

其存储在数据库中，并计算购物车中所有商品的总价值。

代码清单 10-5　3 个内聚力的例子

```
def add_to_cart1(self, item):
    self.cart.add(item)

    conn = sqlite3.connect('my_db.sqlite')
    cur = conn.cursor()
    cur.execute('INSERT INTO cart (name, price)
    values (item.name, item.price)')
    conn.commit()
    conn.close()

    return self.calculate_cart_total();

def add_to_cart2(self, item):
    self.cart.add(item)
    self.store.store_item(item)
    return self.calculate_cart_total();

def add_to_cart3(self, item, listener):
    self.cart.add(item)
    listener.on_item_added(self, item)
```

　　第一个函数的代码显然不是内聚的。这里有许多概念和变量混杂在一起，完全混杂了本质和偶然复杂性。我想说，这是非常糟糕的代码，即使在这样根本微不足道的规模下。我会避免编写这样的代码，因为这会让思考发生了什么变得更加困难，即使是在这样极其简单的规模下。

　　第二个例子稍微好一点儿，条理也更加清楚。这个函数中的概念是相关的，并且表现出了更一致的抽象层次，因为它们主要与问题的本质复杂性有关。"存储"指令可能是有争议的，但至少我们在这一点上隐藏了偶然复杂性的细节。

　　第三个例子很有趣，我认为它无疑是内聚的。为了完成有用的工作，我们既需要将商品添加到购物车中，同时也需要通知其他可能感兴趣方已经添加了该商品。我们把存储方面的担忧和计算购物车总计价值的需要完全分开了。这两件事可能会发生，以响应添加的通知，或者，如果代码的这些部分没有表现出对这个"商品添加"事件有兴趣，它们也可能不会发生。

　　如果问题的本质复杂性都在这里，而其他行为是副作用，那么这段代码的内聚力就比较强；如果将"存储"和"总计"视作这个问题的一部分，那么这段代码的内聚力就比较弱。归根结底，这是基于你所解决的问题的上下文而做出的与之有关的设计选择。

10.8　内聚力差的代价

在我的"管理复杂性的工具"中，内聚力可能是最不能直接量化的方面之一，但它很重要。问题在于，当内聚力很差时，我们的代码和系统就不那么灵活，更难以测试，也更难以处理。

在代码清单 10-5 的简单示例中，内聚代码的影响是显而易见的。如果代码混淆了不同的任务，就会像 add_to_cart1 所演示的那样缺乏清晰性和可读性。任务分布得越广，可能就越难看到正在发生什么，就像 add_to_cart3 一样。通过将相关的想法紧密地放在一起，我们最大限度地提高了可读性，就像 add_to_cart2 那样。

实际上，add_to_cart3 中所暗示的设计风格是有一些优点的，而且这段代码肯定比 add_to_cart1 更适合使用。

不过，我在这里的观点是，内聚力存在最佳点。如果将太多的概念混杂在一起，就会在相当详细的程度上失去内聚力。在第一个例子中，你可以争辩说所有的工作都是在单个方法中完成的，但这只是"天真"的内聚。

实际上，将商品添加到购物车相关的概念，即函数的业务，与其他任务混合在一起，会使情况变得模糊。即使是在这个简单的例子中，在我们深入研究之前，也不太清楚这段代码在做什么。我们必须知道更多的东西才能正确地理解这段代码。

另一种情况是，add_to_cart3 虽然在设计上更灵活，但仍然缺乏清晰度。在这种极端情况下，任务很容易变得如此分散，散布得如此广，以至于如果不阅读和理解大量代码，就不可能了解情况。这可能是一件好事，但我的观点是，这种松散的耦合不仅会带来一些好处，也会有明确的代价。

这两种缺点，在生产系统中都非常常见。事实上，它们非常普遍，甚至可能是大型复杂系统的常态。

这是设计的失败，需要付出巨大的代价。如果你曾经处理过"遗留代码"[①]，你会熟

---

① **遗留代码**（legacy code）或**遗留系统**（legacy system）是已经存在了一段时间的系统。它们可能仍然为运营它们的组织提供重要的价值，但它们往往会演变成设计拙劣、混乱的代码。迈克尔·费瑟斯（Michael Feathers）将**遗留系统**定义为"没有测试的系统"。

悉这种代价。

　　有一种简单、主观的方法可以发现内聚力差。如果你曾经读过一段代码，并认为"我不知道这段代码在做什么"，那很可能就是因为内聚力差。

10.9　人类系统中的内聚力

　　与本书中的许多其他概念一样，内聚力问题不局限于我们编写的代码和我们构建的系统，内聚力还是一种在信息层面上起作用的概念。因此，在让我们工作的组织结构合理化方面，这同样重要。最明显的例子就是在团队组织中。来自"DevOps 状态"报告的发现表明，从吞吐量和稳定性的角度度量，高效能的主要预测因素之一是团队自己做决定的能力，而无须征得团队外任何人的许可。另一种思考方式是，团队的信息和技能是有内聚力的，因为团队在其范围内拥有做出决策和取得进展所需要的一切。

10.10　小结

　　在管理复杂性的原则列表中，内聚力可能是最难以捉摸的概念之一。软件开发人员有时可以认为，也的确认为，简单地把所有代码放在一个地方、一个文件甚至一个函数中，至少这样就是内聚的，但这太简单了。

　　以这种方式随机组合想法的代码，不是内聚的，它只是结构凌乱的。这种代码很糟糕，并且阻止我们清楚地看到该代码做了什么，以及如何安全地更改它。

　　内聚力是指将相关的概念，即一起变化的概念，在代码中放在一起。如果只是因为一切都"在一起"，它们才偶然"在一起"的，那么我们并没有真正获得多少牵引力。

　　内聚力是模块化的对立面，主要在与模块化结合考虑时才有意义。帮助我们在内聚力和模块化之间取得良好工作平衡的最有效工具之一是关注点分离。

第 **11** 章

关注点分离

关注点分离被定义为"将计算机程序分成不同部分，以便让每个部分处理一个单独的关注点的设计原则"[①]。

在我自己的工作中，关注点分离是最强大的设计原则。我把它用到所有地方。

关注点分离的简单口语化描述是"一个类，一件事。一个方法，一件事"。这是一个不错的概括，但这并不能让函数式编程的程序员随意忽略它。

这是关于代码和系统的清晰性和焦点的。它是帮助我们改进所创建系统的模块化、内聚力和抽象性的关键促成技术之一，帮助我们将耦合降低到有效的最小程度。

关注点分离也可以在所有粒度级别上起作用。无论是在整个系统的规模上，还是在系统中单个函数的级别上，它都是一个有用的原则。

关注点分离与内聚力和模块化实际上并不是相同种类的概念。内聚力和模块化是代码的属性，虽然我们可以说代码具有"良好的关注点分离"，但是我们真正想说的是"不相关的东西离得很远，相关的东西离得很近"。关注点分离实际上是对模块化和内聚力的

[①] 资料来源：维基百科。

具体表现。

关注点分离主要是我们可以用来帮助代码和系统降低耦合、提高内聚力和模块化的技术。

不过，这在某种程度上低估了它对我的设计方法的重要性。对我来说，关注点分离是良好设计选择的基本驱动因素。它让我可以保持我所创建的代码和系统架构整洁、集中、可组合、灵活、高效、可伸缩，并且它对于变更是开放的，它还有其他许多优点。

更换数据库

当我们建立金融交易所时，我们采用了本书中概括的工程行为准则。事实上，正是这个经历让我想要写这本书。我们的交易所非常了不起——这是我工作过或见过的最好的大型系统代码库。

我们采用严格的关注点分离方法，从单个函数一直到我们的企业系统架构。我们可以编写对周围环境一无所知的业务逻辑，完全可测试，不进行任何远程调用，不记录任何数据，不知道合作者的地址，也不担心自身的安全性、可伸缩性或韧性。

这些服务之所以可以这样工作，是因为所有这些行为都在其他地方得到了关注，它们是系统的其他"关注点"。为核心逻辑提供这些服务的行为片段对它们所操作的业务一无所知，也不知道它们提供这些服务的代码是做什么的。

因此，这个系统中以领域为中心的服务在默认情况下是安全的、持久的、高可用的、可伸缩的、有韧性的和非常高性能的。

一天，我们决定不再与关系数据库供应商签订商业条款。我们使用这个数据库来存储数据仓库的一些内容，这个大型的数据仓库正在快速增长，它存储了订单的历史细节和其他关键业务价值。

我们下载了一个开源的关系数据库管理系统（relational database management system, RDBMS），将它复制到我们的存储库中以获取这类依赖项，编写了部署脚本，并对与关系数据库管理系统交互的代码做了一些简单的更改。这很简单，因为我们的架构是关注点分离的。然后我们将变更提交到我们的持续交付部署流水线。有几项测试失败了，我们跟踪错误并修复了问题，然后将新版本提交到流水线中。在第二次尝试中，部署流水线中的所有测试都通过了，因此我们知道我们的变更可以安全地发布了。几天后，在下一次系统发布时，我们的变更被部署到了生产环境中。

> 整个过程只用了一个上午!
>
> 如果没有良好的关注点分离,这将需要数月或数年的时间,甚至可能因此不会考虑这么做。

让我们看一个简单的例子。在第 10 章中,我展示了解决同一个问题的 3 段代码示例,代码清单 11-1 再次展示了它们。

代码清单 11-1　3 个关注点分离的例子

```
def add_to_cart1(self, item):
    self.cart.add(item)

    conn = sqlite3.connect('my_db.sqlite')
    cur = conn.cursor()
    cur.execute('INSERT INTO cart (name, price)
    values (item.name, item.price)')
    conn.commit()
    conn.close()

    return self.calculate_cart_total();

def add_to_cart2(self, item):
    self.cart.add(item)
    self.store.store_item(item)
    return self.calculate_cart_total();

def add_to_cart3(self, item, listener):
    self.cart.add(item)
    listener.on_item_added(self, item)
```

在第 10 章,我们在内聚力的上下文中讨论了这些例子,但是我用来实现更具内聚力的结果的原则是关注点分离。

在第一个糟糕的例子 add_to_cart1 中,关注点分离是不存在的。这段代码将函数的核心焦点,即向购物车中添加东西,与如何在关系数据库中存储东西的深奥细节捆绑在一起。然后,作为副作用,它计算出某种总数。极其糟糕!

第二个例子 add_to_cart2 向前迈出了相当大的一步。现在我们启动存储,但不关心它是如何工作的。我们可以想象,"存储"是提供给类的,可以是任何东西。因此,这段代码要灵活得多。但是,它仍然知道涉及的存储和购物车总额的计算。

第三个例子代表了更完整的关注点分离。在本例中,代码执行核心行为,即向购物车中添加东西,然后仅发出东西已经添加的信号。这段代码不知道也不关心接下来会发生什么，它与存储和总额计算完全解耦。因此，这段代码具有更强的内聚力和模块化。

显然，与任何设计决策一样，这里也有选择。我认为 add_to_cart1 真的很糟糕，关注点分离会排除这种可能性。指导原则是，add_to_cart1 糟糕的原因是本质复杂性和偶然复杂性的混合。也就是说，我们存储的方式和地点与我们尝试创建的核心购物车行为没有密切关系。我们想要一条清晰的界线，将处理本质复杂性的代码与处理偶然复杂性的代码分离。

后两个例子的差别更加细微，该差别更多的是上下文和选择的问题。我个人强烈支持 add_to_cart3，这是最灵活的解决方案。我可能会也可能不会选择像这样用一个方法注入监听器来实现我的关注点分离，但是我非常喜欢从我的核心领域中删除存储的概念。

这是我通常会写的代码。在我看来，add_to_cart2 仍然令人困惑。我当然认为 store_item 是比一些连接和 SQL 之类的东西更好的抽象，但这个概念本身仍然是偶然复杂性领域里的。如果你把东西放进真正的购物车，那么你就不需要"持久保存"它了！

add_to_cart3 给了我最大的选择自由，几乎没有实际上的不利之处。对这种方法的一个合理的批评是，这里你看不到存储可能正在进行，但此时此刻，对这段代码来说，这并不是真正重要的。存储是计算机工作方式的副作用，而不是向购物车添加东西的核心行为。在第三个例子中，我们可以清楚地看到何时添加了商品，并看到可能会有其他事情发生，只是我们不在乎那是什么。如果我们真的在乎，我们可以去看看。

考虑一下这些方法的可测试性。add_to_cart1 很难进行测试。我们将需要一个数据库，因此测试将很难建立，而且可能非常脆弱和缓慢。数据库要么是共享的，并且可能在测试之外发生变化；要么是在测试设置期间创建的，并且每次测试运行都会非常慢。另外两个版本都可以用假数据轻松、高效地测试。

反对 add_to_cart3 的主要论点是，不是很清楚发生了什么。我当然同意清晰在代码中是一个优点。但实际上，这只是上下文的问题。我在这里看到的代码主要负责将商品添加到购物车，为什么它应该知道接下来会发生什么呢？

对关注点分离的关注帮助我们提高了这段代码的模块化和内聚力。根据几个部分协作的重要程度，例如存储结果或计算总额的监听器，我们可以在其他地方测试这些关系的正确建立。

因此，"全貌"之所以模糊不清，只是因为我们看错了地方。如果我们采用这种相当天真的看法，那么我们用来表示购物车的泛型集合（generic collection）难道不也应该知道存储和总计吗？当然不是！

我非常重视将**关注点分离**作为指导原则的原因之一，是它提醒我要把注意力保持在小范围内。我为自己编写的代码感到自豪，因为你可以查看每个部分并理解该部分的功能，而无须过多思考。如果你要研究它超过几秒，我就失败了。现在你可能需要了解该部分是如何被其他部分使用的，但是其他部分有它们自己的关注点要处理，理想情况下，我会把它们表达得很清晰。

11.1 依赖注入

实现良好的关注点分离的一个非常有用的工具是**依赖注入**。依赖注入是将一段代码的依赖项作为参数提供给它，而不是由它创建。

到现在为止，在我们略显过度使用的例子中，在 add_to_cart1 中，数据库连接是在方法内部显式地创建并打开的，这意味着没有机会使用替代方案。我们与那个特定的实现紧密耦合，甚至与那个特定命名的数据库实例紧密耦合。如果 add_to_cart2 中的**存储**作为构造函数的参数传入，就代表了在灵活性方面的一个阶段性改变，我们可以提供实现 store_item 的任何东西。

在我们 add_to_cart 方法的 add_to_cart3 中，监听器可以是实现 on_item_added 的任何东西。

这段代码行为之间关系的简单变化意义重大。在第一种情况中，即 add_to_cart1，代码创建了所需要的一切，因此它与单个特定的实现深度耦合。这段代码在设计上是不灵活的。在其他情况中，代码是系统其他组件的合作者，因此它对它们如何操作知之甚少，也不关心它们如何操作。

依赖注入经常被误解为工具或框架的功能，但事实并非如此。依赖注入是在大多数语言中可以做的事情，当然在任何面向对象或函数式语言（functional language）中自然也如此，它是一种强大的设计方法。我甚至见过它在 UNIX Shell 脚本中使用，效果非常好。

依赖注入是绝佳的工具，它能够将耦合最小化到适当的、有用的程度，它也是在关注点之间形成分界线的有效方法。我还是要再次指出，所有这些概念是相互关联的。这并不是重复，而是我们正在描述软件和软件开发的一些重要的、深层的特性，因此，当我们从不同的方向处理这些问题时，它们会不可避免地相交。

11.2 分离本质复杂性和偶然复杂性

提高设计质量的有效途径是以一种特定的方式来分离关注点，即将系统的本质复杂性与偶然复杂性分离。也许"本质"和"偶然"复杂性概念对你来说是新概念，但是这两个概念早在弗雷德·布鲁克斯的著名论文"没有银弹：软件工程的本质性与附属性工作"中就有首次描述，而且其中描述的重要思想本书前面提到过。

系统的**本质复杂性**是指解决你正试图解决的问题所固有的复杂性。比如，如何计算一个银行账户的值，如何计算购物车中商品的总数，甚至如何计算宇宙飞船的轨迹。解决这种复杂性是我们系统提供的真正价值。

偶然复杂性是其他的一切——我们被迫解决的问题，它们是用计算机做一些有用的事情的副作用。比如，数据的持久化、在屏幕上显示内容、集群、安全的一些方面……任何实际上与解决手头问题没有直接关系的事情。

偶然复杂性是"偶然的"，并不意味着它不重要。我们的软件是在计算机上运行的，所以处理约束条件和现实情况很重要。但是如果我们建立的系统在处理偶然复杂性方面非常出色，没有任何本质复杂性，那么从定义上讲，它就毫无用处！因此，在不忽视偶然复杂性的情况下，努力将其最小化符合我们的利益。

很显然，专注于分离系统的偶然复杂性和本质复杂性的关注点，是通过关注点分离来改进我们设计的有效方法的。

我希望把我的系统中驾驶汽车的逻辑与在屏幕上显示信息的逻辑分离，把评估交易的逻辑与交易存储或通信的逻辑分离。

这可能看起来很明显，也可能不明显，但很重要。而且主观地说，在我看来，这不是大多数代码编写的方式。我看到人们编写的大多数代码明显地将这两类不同的任务合并在一起。在处理或应该处理系统核心领域（本质复杂性）的逻辑中间，经常会看到业务逻辑与显示代码和持久化细节混合在一起。

然而，这是另一个领域，专注于我们代码和系统的可测试性，对于改进我们的设计会有很大的帮助。

代码清单 10-1 清楚地说明了这一点。这段代码不是真正可测试的，而是以最天真的复杂方式实现的。当然，我可以编写一个测试，首先在磁盘的特定位置创建一个名为 words.txt 的文件，然后运行该代码，并在位于特定位置的另一个名为 sorted.txt 的文件中查找结果，但这会是缓慢的、异常复杂的，并且与它的环境如此耦合，以至于我可以通过重命名文件或移动它们的位置轻松地破坏测试。试着与其本身或者与之密切相关的事情并行运行这个测试，很快你就会遇到一些令人不快的问题！

代码清单 10-1 中进行的大部分工作甚至与重要的代码行为连模糊的联系都没有。代码的核心几乎全部都是偶然复杂性，这些代码应该专注于做更重要的事情——在本例中是对一系列单词进行排序。

代码清单 10-2 改进了内聚力，但是作为一个单元仍然是不可测试的。在这方面，它与代码清单 10-1 有相同的问题。

代码清单 11-2 是尝试纯粹地从分离偶然复杂性和本质复杂性的角度来改进此代码的例子。实际上，我不会为真实的代码选择"本质"或"偶然"这样的名称，它们只是为了让例子更清楚。

代码清单 11-2 分离偶然复杂性和本质复杂性

```
public interface Accidental
{
    String[] readWords() throws IOException
    boolean storeWords(List<String> sorted) throws IOException
}

public class Essential
{
    public boolean loadProcessAndStore(Accidental accidental) throws IOException
    {
        List<String> sorted = sortWords(accidental.readWords());
        return accidental.storeWords(sorted);
    }

    private List<String> sortWords(String[] words)
    {
        List<String> sorted = Arrays.asList(words);
        sorted.sort(null);
        return sorted;
    }
}
```

假设我们实现了代码清单 11-2 中 Accidental 接口中声明的偶然复杂性函数，那么这段代码与代码清单 10-1 和代码清单 10-2 所做的事情完全相同，但是效果更好。通过分离关注点——本例中使用了我们正在解决的问题的偶然复杂性和本质复杂性之间的"接缝"，我们已经大大改进了。这段代码更容易阅读，更关注重要的问题，因此也灵活得多。如果我们想从特定设备上特定位置的文件以外的其他地方提供"单词"，是可以的。如果我们想把排序后的单词存储在其他地方，也是可以的。

这仍然不是很好的代码。我们可以进一步改进它的关注点分离，以改善它的焦点，并在可读性以及技术层面上进一步解耦。

代码清单 11-3 显示了一些更接近的东西。我们当然可以讨论我的一些命名选择，它们更依赖于上下文，但是纯粹从关注点分离的角度来看，我希望你能看到代码清单 10-1 与代码清单 11-2 和代码清单 11-3 中的代码的巨大差异。即使是在这个简单的例子中，我们也通过遵循这些设计原则改进了代码的可读性、可测试性、灵活性和实用性。

代码清单 11-3　用抽象消除偶然复杂性

```java
public interface WordSource
{
    String[] words();
}

public interface WordsListener
{
    void onWordsChanged(List<String> sorted);
}

public class WordSorter
{
    public void sortWords(WordSource words, WordsListener listener)
    {
        listener.onWordsChanged(sort(words.words()));
    }

    private List<String> sort(String[] words)
    {
        List<String> sorted = Arrays.asList(words);
        sorted.sort(null);
        return sorted;
    }
}
```

本质复杂性和偶然复杂性的分离是一个很好的起点，可以帮助我们实现具有更好的关注点分离的代码。这种方法有很多价值，但它很容易实现。那么其他混合在一起的关注点呢？

11.3　领域驱动设计的重要性

我们还可以从问题领域的角度指导我们设计。如果我们采用一种进化的、增量式的方法进行设计，那么我们就可以以在发现新关注点的时刻保持警惕的方式工作，否则在我们的设计中，这些关注点可能会被不适当地合并在一起。

代码清单 11-4 显示了一些 Python 代码。在这段代码中，我试图创建一个战舰（Battleship）游戏的儿童版本，游戏中我们试图击沉对手的舰队。

在我的设计中，我已经到了开始质疑它的地步。

代码清单 11-4　缺少一个概念

```python
class GameSheet:

    def __init__(self):
        self.sheet = {}
        self.width = MAX_COLUMNS
        self.height = MAX_ROWS
        self.ships = {}
        self._init_sheet()

    def add_ship(self, ship):
        self._assert_can_add_ship(ship)
        ship.orientation.place_ship(self, ship)
        self._ship_added(ship)
```

在代表游戏的游戏区域（方格网络）的 GameSheet 中，我想要在表单中添加一艘船。

我使用测试驱动开发来创建这段代码，此时我在 GameSheetTest 中有一系列不断增长的测试，主要关注添加船只的复杂性。在 11 次测试中，有 6 次专注于测试我是否能够将一艘船放到 GameSheet 上。我已经开始向 GameSheet 中添加验证代码来验证我所添加的内容，在 3 个额外的函数中大约有 9 或 10 行代码。

我对这段代码的设计和支持它的测试的设计感到不安。两者的规模和复杂性都在增长，虽然增长不多，但足以让我开始寻找是什么出了问题。然后，我意识到我犯了一个关注点分离的错误。我的问题是，我的设计完全忽视了一个重要的概念。

我的 GameSheet 负责船的位置**和**游戏规则。在类或方法的描述中使用"和"是一个警告信号。它说明我有两个关注点，而非一个。在这个例子中，我很快就发现我在实现中缺少了"规则"的概念。我重构了代码和测试，提取了一个名为 Rules 的新类。代码清单 11-5 显示了添加 Rules 是如何简化事情的。

代码清单 11-5　聆听代码

```
class GameSheet:

    def __init__(self, rules):
        self.sheet = {}
        self.width = MAX_COLUMNS
        self.height = MAX_ROWS
        self.rules = rules
        self._init_sheet()

    def add_ship(self, ship):
        self.rules.assert_can_add_ship(ship)
        ship.orientation.place_ship(self, ship)
        self._ship_added(ship)
```

这立刻简化了 GameSheet。这样表单就不再需要维护 Ships 集合了，并删除了 9 或 10 行验证逻辑，而这仅仅是我的代码进化的开始，之后我开始专注于验证是否遵守了规则。

最终，这一改变让我在未来的设计中拥有了更大的灵活性，让我能够更好地、彼此独立地测试 GameSheet 的逻辑和 Rules，并且，作为副作用，潜在地打开了一扇门，让这些代码有一天能够在不同版本的 Rules 中运行。我并不担心这些规则会是什么。我没做任何额外的工作来支持一些想象中的未来的新规则，但是现在我的代码中有一个"接缝"，可能在未来会被证明是有用的，而在当前的现实中，它让我能够更好地测试我的代码，并改进我的设计。所有这一切都是由简单地专注于关注点分离驱动的。

使用你正在解决的问题来帮助你在代码中定义合理的分界线，这是关注点分离的本质。在不同的粒度级别上都是如此。我们可以从有界上下文开始，在我们的设计中识别粗粒度的模块（或服务），然后随着时间的推移，当我们对正在解决的问题了解得更多，并对代码的可读性或相反方面获得更多的见解时，就会改进我们的设计。

这里的关键之一是尽量保持对复杂性的低容忍度。代码应该是简单、易读的，一旦你觉得这是一项艰巨的工作，你就应该停下来，开始寻找方法来简化你面前的部分，并使其清晰、易懂。

在代码清单 11-4 和代码清单 11-5 中，让我开始担心我设计的东西，可能就只剩下 10 行代码和几个后来我认为放错位置的测试用例。这就是我如此重视关注点分离的原因之一。它为我提供了一种机制，可以在过程的早期发现问题，如果我不对它们做出反应，这些问题将导致设计中的模块化降低、内聚力变差。

11.4 可测试性

这种增量式改进代码设计同时密切关注不良的关注点分离的方法，可以通过测试得以加强。正如我已经描述过的，依赖注入可以帮助我们改进设计。但是，可以帮助建立有效的关注点分离的更强大也可能更基本的工具是可测试性。

我们可以利用我们所创建的系统的可测试性来提高系统的质量，而这是除了才能和经验外几乎很少能够做到的。

如果我们要确保我们的代码易于测试，那么我们**必须**分离关注点，否则我们的测试将缺乏重点。我们的测试也将更加复杂，并且很难使它们具有可重复性和可靠性。努力控制变量以便我们能够进行测试，这促使我们创建的系统能够展示我们重视的高质量软件的特性：模块化、内聚力、关注点分离、信息隐藏和松耦合。

11.5 端口和适配器

我们专注于关注点分离的目的是提高系统的模块化和内聚力。这反过来又使我们的系统整体上不那么紧密地耦合。适当地管理系统中的耦合，应该是我们设计的主要重点之一，这在每个粒度级别上都是如此。

关于这一点，可能最显而易见且最有价值的地方，就是代码中一个"关注点"与另一个"关注点"相互作用的接缝处。这些地方就是系统中我们总是应该多加小心的地方。

让我们看一个简单的例子（见代码清单 11-6）。这里我们有一些代码想要存储一些东西——在这个例子中是存储在 AWS 简单存储服务（simple storage service，S3）的存储桶（AWS S3 bucket）中。一些代码处理我们想要存储的东西，一些代码调用存储本身，这是分离处理和存储这两个关注点的一个不错的开始。

要使这段代码正常工作，需要在某处进行一些设置来初始化 s3client，以便知道它所拥有的存储桶账户的必要细节等。我故意没有展示那段代码,我相信你可以想象 s3client 实现这一点的几种不同方法。这些方法中的一些表现出了更好或更差的关注点分离。在这个例子中,我们只关注这个函数中有什么。

代码清单 11-6　在 S3 中存储字符串

```
void doSomething(Thing thing) {
    String processedThing = process(thing);
    s3client.putObject("myBucket," "keyForMyThing," processedThing);
}
```

目前,代码清单 11-6 中的代码是从两个不同的角度编写的。我们已经习惯于总是看到这样的代码,但是让我们花点儿时间来思考一下。在这个函数中有两个非常不同的焦点和两个非常不同的抽象层次,都在两行代码中。

第 2 行代码专注于在函数或方法的范围内做一些有意义的事情,也许 process (thing) 在业务的上下文中有意义,这其实并不重要,除非这可能是这段代码的重点,即本质部分。这行代码是我们想要完成的工作,它也是从这个角度编写的。第 2 行/3 行代码则格格不入,它是一个闯入者,把偶然复杂性带入我们逻辑的核心。

关于内聚力的一种看法是,在特定的范围内,抽象的层次应该保持一致。但如果我们提升了这里的一致性呢?代码清单 11-7 是这方面的一个重大改良,即使我们所做的只是重命名一个类和一个方法。

代码清单 11-7　通过一个端口在 S3 中存储字符串

```
void doSomething(Thing thing) {
    String processedThing = process(thing);
    store.storeThings("myBucket," "keyForMyThing," processedThing);
}
```

从代码清单 11-6 到代码清单 11-7 的更改带来了一些影响。通过使"存储调用"与此函数中的其他想法更加一致,我们增加了抽象化。我们也开始将我们的设计推向一个不同的方向。

还记得我没有展示的代码吗?通过这个简单的更改,我为那个初始化错误做了一系列的实现。如果我以这种方式抽象存储,将所有初始化放在这个类或模块的范围内就毫无意义。将它完全外部化要好得多。

所以现在,我要把所有的初始化隐藏在其他地方。这意味着我可以将它与这段代码分开来进行抽象的测试。这同样意味着，如果我选择使用依赖注入来提供存储，我就可以测试这段代码，而不需要真正的存储。这也意味着我可以选择在代码之外存储东西的位置，在不同的上下文中提供不同种类的存储，因此我的代码更加灵活。

你可以将新的抽象视为一个**端口**，或者信息流经的向量。你是否决定使端口多态（polymorphic）完全取决于你和你代码中的环境，但即使你不这样做，这段代码也是比较好的。它之所以比较好，是因为你已经改进了关注点分离，通过维护更一致的抽象层次改进了内聚力，并改进了其可读性和可维护性。

这个端口的具体实现是一个充当转换服务的**适配器**，在本例中是将想法从"事情"的上下文转换到"AWS S3 存储"的上下文。

在此更改之后，我们的代码对 S3 一无所知，它甚至不知道 S3 正在被使用。

这里的关键思想是，代码是根据更一致的参考框架编写的，它保持了更一致的抽象。

我在这里所描述的，有时被称为**端口和适配器**模式，当应用于服务或子系统级别时，有时也被称为**六边形架构**。

这在设计上的价值是非常重要的。你的代码几乎从不关心它所使用的 API 的每一个细节，你几乎总是处理此类 API 的一个子集。你创建的端口只需要公开你选择使用的最小子集，因此它几乎总是与你交互的 API 的更简单版本。

写一本讨论代码的书，其麻烦在于，为了传达思想，代码示例必须小而简单，否则思想就会迷失在代码的复杂性中。但是，当你试图展示在简单性方面的改进时，又该怎么办呢？

所以，请耐心听我讲。想象一下，我们有一个按照代码清单 11-6 编写的完整的系统：通过 s3client 进行交互需要几十行、几百行甚至几千行代码。然后亚马逊将接口升级到 S3 服务，或者至少升级到 Java 客户端库（client library）。add_to_cart2 有一个不同的编程模型，所以现在我们必须修改几十行、几百行甚至几千行代码来利用这个新的客户端库。

如果我们为 S3 创建了自己的抽象——我们自己的端口和适配器，它们刚好是而且只是我们的代码所需要的，我们很可能会在代码中不止一个地方使用它们。也许我们在任何地方都使用它们，也许有些情况更复杂，也许我们有一个不同的、独立的端口和适配器来处理这些情况。无论哪种方式，我们都可大大减少维护工作。我们可以完全重写适配器以便使用新的客户端库，这完全不会影响到使用它的代码。

这种方法体现了优秀设计的许多目标。通过管理复杂性，我们还可以使代码免受更改的影响，即使是意外的或不可预测的更改。

11.6 何时采用端口和适配器

当人们讨论端口和适配器方法时，他们通常是在服务（或模块）边界转换层的上下文中讨论它。

这是一个好建议。埃里克·埃文斯在他的《领域驱动设计：软件核心复杂性应对之道》一书[①]中建议：

> 总是转换跨有界上下文的信息。

从服务的角度设计系统时，我和其他人都建议，我们的目标应该是使我们的服务与有界上下文保持一致。这将最大限度地降低耦合，提高服务的模块化和内聚力。

这两条建议结合起来成为一个简单的指导方针，"总是转换服务之间的信息流"，或者换句话说，"总是使用端口和适配器在服务之间进行通信"。

当我开始写上一句话的时候，我首先用的是"规则"而不是"指导方针"，然后很快，我纠正了自己。凭良心说，我不能把它描述为一个规则，因为有时会有一些特例打破这个规则。然而，我强烈建议，默认情况下，假定服务之间的所有信息流都将通过适配器进行转换，无论 API 的技术性质如何。

这并不意味着适配器需要有大量的或是复杂的代码，但是从设计的角度来看，每个服务或模块都应该有自己看待世界的视角，并且应该捍卫这个视角。如果发送的信息破坏了该视角，则对代码来说是一个严重的问题。

我们可以用两种方式来保护我们的代码，我们可以使用一个适配器，当什么东西到达我们系统的边缘时，适配器可以将它们转换成我们的视角，使我们能够在我们关心的程度上验证我们的输入。或者我们可以把我们不信任的东西封装起来，忽略它，这样我们就可以保护我们的系统不受可疑的外部变化的影响。

---

① 《领域驱动设计：软件核心复杂性应对之道》是埃里克·埃文斯写的一本书，描述了如何在软件中建模问题领域，以此作为设计的指导原则。

例如，如果我们正在编写某种消息传递系统，有些事情我们需要知道，有些事情我们当然不应该知道。

我们可能需要知道是谁发的消息，消息要发去哪里。我们可能需要知道消息有多大，以及如果出现问题，我们是否应该重试。我们当然不应该知道消息的内容是什么！那样的话，将会立即使消息传递的技术细节与使用此消息传递进行对话的语义耦合在一起，那将是非常糟糕的设计。

这可能看起来很明显，也可能不明显，但我还是看到很多代码恰恰就是犯了这种错误。如果我正在构建一个消息传递系统，我会将消息的内容"封装"在某种类型的数据包（packet）中，从而将消息传递系统与数据包的内容即消息本身隔离。

11.7　什么是 API?

这就开始涉及一些设计原理：什么是 API? 我主张一个相当实用的定义：

> 应用程序接口（application program interface，API）是向公开该 API 的服务或库的使用者公开的所有信息。

这与我们使用 API 这个术语时一些开发人员所认为的不同。

随着时间的推移，术语 API 的含义已经发生了变化。在某种程度上，这可能是由于创建服务的描述性状态迁移（representational state transfer，REST）方法的成功。术语 API 被用作"HTTP 传输的文本"的同义词，这是很常见的，至少在与开发人员的非正式对话中是这样的。这当然是一种形式的 API，但它只是一种，还有更多。

严格地说，不同代码之间的任何通信方式都是 API，都是为了支持某种类型的编程。在这一点上，思考代码与之交互的信息非常重要。

想象一下，一个函数接收二进制流作为参数。API 是什么？

只是函数的签名吗？好吧，也许是，如果函数将二进制流作为黑盒处理，并且从不查看其内部，那么是的，函数的签名定义了它与它的调用者的耦合。

然而，如果函数以任何方式与二进制流的内容交互，这则是其契约（contract）的一部分。交互级别定义了它与流中的信息耦合的程度。

如果流中的前 8 个字节用于编码其长度，而这正是函数所知道或关心的流的全部内容，那么函数签名，加上前 8 个字节的含义，以及长度在其中的编码方式，就是 API。

函数对字节流的内容了解得越多，它与字节流的耦合程度就越高，API 的表面积就越大。我看到许多团队忽略了这样一个事实，即他们的代码所理解和处理输入的数据结构是该代码公共 API 的一部分。

我们的适配器需要处理整个 API。如果这意味着转换，或至少验证输入的二进制流的内容，那就这样吧。另一种情况是，当有人向我们发送错误的字节流时，我们的代码可能会中断，这是一个我们可以控制的变量。

在设计时，假设我们总是在模块和服务之间的通信点上添加端口和适配器，这是一个比不添加端口和适配器要强得多的默认立场。即使适配器是未来的占位符，万一 API 的性质以任何方式改变，有了这个占位符，就给了我们机会，不必重写所有的代码，也能应付那些改变。

这是端口和适配器的经典模型。我也建议在更细粒度的级别上考虑这个问题。我的意思并不是建议你总是编写显式的转换，而是在任何代码段中，无论代码段有多小（见代码清单 11-6），尝试保持一致的抽象层次，都是一个好主意。

作为默认立场或指导原则，我建议你在与你通信的代码处于不同评估范围的地方总是添加端口和适配器，例如不同的存储库或不同的部署流水线。在这些情况下采取更具防御性的立场，将使你的代码更加可测试，并且在面对变更时更加健壮。

11.8 使用测试驱动开发推动关注点分离

我已经描述了如何通过提高代码的**可测试性**的设计思想来帮助我们提高代码质量，不仅仅是简单意义上的"它能工作吗"，从更深刻的意义上讲，是构建我们的产品达到某种质量水平，使其能够持续地维护和开发。

如果我们将关注点分离的思想作为指导原则来设计我们的代码，包括在任何给定的甚至很小的上下文中保持一致的抽象层次的思想，那么我们就为增量式变更敞开了大门。即使我们还不知道某些内容一般交流、存储或交互的细节，我们也可以编写代码并取得进展。

之后，当我们了解更多的时候，我们可以用我们在编写代码时没有想到的方式来使用我们编写的代码。这种方法允许我们采用一种更进化式的方法来设计，随着我们理解的加深，一步一步地发展我们的系统，未来发展成更复杂、更有能力的版本。

测试驱动开发是我们用来实现可测试性的强大的工具。通过从测试的角度来推动所有的开发，我们可极大地改变设计的重点。

特别是在关注点分离的上下文中，在测试范围内，关注点被混合得越多，我们的测试就变得越难编写。如果我们围绕测试来组织我们的开发，并通过测试驱动开发，那么我们会在过程的更早阶段遇到设计决策的成本和收益问题。

这种更快的反馈自然是一件好事，比起那些我们只能施加有限控制的其他任何技术，它让我们有机会更早地发现我们设计中的缺陷，除非我们比实际更聪明。聪明并没有错，但让自己变得"更聪明"的最好方法是以更聪明的方式工作，这正是本书的真正目标。测试驱动开发就是那些重要的"更聪明的方式"之一。

11.9　小结

关注点分离当然是高质量代码的一个属性。如果你有两段代码实现完全相同的功能，其中第一段代码有很好的关注点分离，而第二段代码没有，那么第一段代码更容易理解、更容易测试、更容易更改，也更灵活。

关注点分离也是这里用来启发设计的方法集合中最容易的一个。

我们可以考虑一些代码或系统的模块化或内聚力。正如你所看到的，我认为这些概念非常重要，但归根结底，它们的衡量多少还是有些主观的。虽然我们可能对糟糕的例子有一致的看法，但我们可能难以在极限下定义什么是理想的模块化或内聚力。

关注点分离是不同的。如果你的模块、类或函数做了不止一件事，那么你的关注点就不是真正分离的。其结果是，关注点分离是一个极好的工具，它明确地指导我们朝着设计更好的软件的方向前进。

第 **12** 章

信息隐藏和抽象

信息隐藏和抽象被定义为"在研究对象或系统时，去除物理的、空间的或时间的细节或属性，把注意力集中在更重要的细节上的过程"[1]。

在本章的标题中，我把计算机科学中两个稍微不同的概念放在了一起。它们是不同的，但又是相关的，为了思考软件工程的基本原则，最好把它们放在一起考虑。

12.1 抽象或信息隐藏

我把这两个概念合并在一起，是因为我认为这两者之间的差异并不足以真正引起我们的关注。我在这里所说的是在代码中画线或接缝，这样当我们从"外部"看到那些线时，我们就不会关心它们后面是什么。作为函数、类、库或模块的使用者，我不应该需

---

[1] 资料来源：维基百科。

要知道或关心关于它是如何工作的任何细节，只需要知道如何使用它就够了。

有些人对**信息隐藏**的看法比这狭隘得多，但我看不出来它增加了任何有用的东西。如果你无法摆脱对"信息隐藏只关于数据"（事实并非如此）的担忧，那么每当我说到"信息隐藏"时，就想想"抽象"。

如果你无法摆脱"抽象"只意味着"创建抽象概念对象"的想法，那么虽然这是定义的一部分，但这不是我的意思，所以不妨想想"信息隐藏"。

我隐藏的信息是代码的行为。它包括实现细节以及可能使用或不使用的任何数据。我向外界展示的抽象应该实现这个技巧，即对代码的其他部分保密。

显而易见，如果我们的目标是管理复杂性，以便我们能够构建超出我们头脑可以轻松掌握的复杂系统，那么我们需要隐藏信息。

我们希望能够专注于我们面前的工作/代码，而不用担心其他地方发生了什么以及我们现在不需要关心的东西是如何工作的。这看起来很基本，但现实中有很多代码看上去并不是这样。有些代码面对更改很脆弱，其中一个地方的更改会影响代码的其他部分。在有些代码中，取得进展的唯一方法是变得足够聪明，以便你能够理解系统中大部分的工作原理。这不是一个可扩展的方法！

12.2　是什么导致了"大泥球"？

我们有时把这些难以在代码库上工作的代码称为**大泥球**。它们往往是非常混乱、非常复杂的，以至于人们都害怕去更改它们。大多数组织，特别是更大型的组织，它们构建软件都已经有一定时间，都会拥有一些这样的复杂代码。

12.3　组织和文化问题

其原因是复杂多样的。我从软件开发人员和软件开发团队那里听到的最常见的抱怨之一是"我的经理不让我做×××"，其中的"×××"要么是"重构""测试""更好地设计"，要么甚至是"修复那个 bug"。

世界上肯定有一些令人不快的组织。如果你在那样的地方工作，我的建议是寻找更好的雇主。然而，在绝大多数情况下，这种抱怨是不真实的，或者至少不是完全真实的。在最坏的情况下，这只是一个借口。不过，我不喜欢责怪别人，所以更宽容的解释是，这基于一个重要的误解。

首先要说的是，作为软件开发人员，我们为什么需要得到许可才能把工作做好？我们是软件开发方面的专家，所以我们最容易理解什么是可行的，什么是不可行的。

如果你雇我为你写代码，那么我就有责任为你尽我所能做到最好。这意味着我需要优化我的工作，这样我就可以在很长一段时间内可靠地、重复地、可持续地交付代码。我的代码需要解决我面临的问题，它需要满足我的用户的需求和我的雇主的野心。

因此，我需要创建可以工作的代码，我也需要随着时间的推移，重复且可靠地保持这样做的能力。当我更多地了解我们正在解决的问题和我们正在开发的系统时，我需要保持修改代码的能力。

如果我是一名厨师，在餐馆准备一顿饭，如果我决定在我完成时不清理我的工具和工作区域，我可能会更快地准备一顿饭。这可能对一顿饭行得通，甚至可能对两顿饭也行得通，这很恶心，但也许行得通。不过，如果我一直这样工作，我会被解雇！

我会被解雇，是因为我会让餐馆的顾客食物中毒。即使我没有被解雇，到我准备第三顿饭的时候，我的速度也会慢得多，效率也会低得多，因为我之前造成的混乱会妨碍我的工作。我必须清理出一个工作区域，以及每项任务都要用到的工具。我必须努力使用那些不再足够锋利的工具，等等。这听起来是不是很熟悉？

如果你雇我做厨师，你永远不会说，"你有磨刀的权利"或者"打扫工作区域是你的责任"，因为作为一名专业厨师，你和我都会认为这些事情是成为一名专业厨师的基本部分。作为一名厨师，这是我的一部分**注意义务**。

作为软件专业人员，了解开发软件需要什么是我们的职责。我们需要对我们所开发的代码的质量负责。把工作做好是我们的**注意义务**。这不是利他主义的，而是实际的和实用的。符合我们的雇主、用户和我们自己的利益。

如果我们努力创建和维护代码的质量，我们的雇主将更高效地获得他们想要的新功能。我们的客户将得到更有意义、更可用的代码，我们将能够在做出变更时不必总是担心会破坏什么。

这一点很重要，原因有很多，不仅仅是数据非常清晰[①]。软件不是一场短期胜利的游戏。如果你放弃测试，避开重构，或者没有花时间去寻找更加模块化、更有内聚力的设计来实现一些短期交付目标，**那么你的进度将会变得越来越慢，而不是越来越快。**

对一个创建软件的组织来说，想要高效地完成软件是合理的。这是一种经济影响，影响到我们所有为这样一个组织工作的人。

如果想让我们工作的组织茁壮成长，并且让我们有一个更愉快的体验，那么在构建帮助我们的组织茁壮成长的软件时，我们需要有效地工作。

我们的目标应该是尽一切努力更快地构建更好的软件。《加速：企业数字化转型的24项核心能力》一书描述了一些需要做的事情，当然这并不包括在质量上无知地偷工减料。反之亦然。

"DevOps状态"报告的一个关键发现是，**在速度和质量之间没有权衡**。该报告支持《加速：企业数字化转型的24项核心能力》一书中概括的分析软件团队效能的科学方法。如果你在质量上做得不好，你就不能更快地创建软件。

因此，当一名经理要求对一项工作进行预估时，在质量上偷工减料不符合你、你的经理或你的雇主的利益。它会让你整体上进展得更慢，即使你的经理是愚蠢的，也会认为是这样的。

我确实看到过一些组织有意或无意地向开发人员施加压力，要求他们加快速度。然而，通常是由开发人员和开发团队共同决定"加速"需要什么。

不考虑质量的通常是开发人员，而不是经理或组织。经理和组织想要"更好的软件更快"，而不是"更差的软件更快"。事实上，即使这样也不是一种权衡。正如我们已经看到的，在很长一段时间内，真正的权衡存在于"更好的软件更快"和"更差的软件更慢"之间。"更好"与"更快"齐头并进。认识到并相信这一点对我们所有人来说都很重要。最高效的软件开发团队之所以快速，不是因为他们放弃了质量，而是因为他们拥抱了质量。

软件工程师的专业职责是认识到这一事实，并始终基于高质量成果来提供建议、评估和设计思路。

不要通过分析预估和预测来分离出把工作做好的时间，假设你的经理、同事和雇主希望你把工作做好，那么就去做。

---

① 《加速：企业数字化转型的24项核心能力》一书中讲述了，开发方法更加规范的团队如何比那些开发方法不规范的团队"多花44%的时间在新工作上"。

工作是有成本的。在烹饪中，部分成本是在你做饭时清理和维护工具所花费的时间。在软件开发中，成本包括重构、测试、花时间创建好的设计、发现 bug 时修复它、协作、沟通和学习。这些并不是"最好拥有"的选项，这些是软件开发的专业方法的基础。

任何人都可以编写代码，那不是我们的工作。软件开发不止于此。我们的工作是解决问题，这要求我们在设计时要谨慎，并考虑我们产生的解决方案的有效性。

12.4 技术问题和设计问题

假设我们允许自己把工作做好，下一个问题就是，这需要什么？这就是本书的主题。在第 2 部分中概括的使我们能够优化学习的技术和在本部分中描述的技术结合起来，为我们提供了使我们能够更好地完成工作的工具。

不过具体来说，在避免和纠正大泥球的情况下，有一种思维倾向很重要。这种思维倾向认为改变现有的代码是一件好事，是一件明智的事情。

许多组织要么害怕更改他们的代码，要么对其怀有某种背离现实的敬畏之心。我认为恰恰相反：如果你不能或不愿更改代码，那么代码实际上是死的。再次引用弗雷德·布鲁克斯的话：

> 一旦一个设计被冻结，它就过时了。[①]

我的朋友丹·诺思说过一个有趣的想法。丹有一种用巧妙的措辞表达观点的才华。他把"团队的软件半衰期"当作质量的度量标准。

我和丹都没有数据来支持这个观点，但这是一个有趣的观点。他说，一个团队生产的软件的质量是其软件半衰期的因变量。软件半衰期是指，团队重写一半他们负责的软件所花费的时间。

在丹的模型中，优秀的团队可能会在几个月内重写一半他们负责的软件，低效能团队可能永远不会完成一半的重写。

现在我很确定丹的观点是有上下文的。当他想到这个的时候，他在一个非常好的、快节奏的金融交易团队工作。我同样确信，在许多团队中，这条规则并不适用。然而，

---

① 引自弗雷德·布鲁克斯的《人月神话》一书。

这里肯定有一点道理。

如果像我所主张的那样，我们的学科是一门根植于我们学习能力的学科，那么当我们学习到新的东西，改变对什么是最适合我们的设计（无论在我们的上下文中意味着什么）的看法时，在那一刻，我们应该能够改变它，以反映我们新的、更深入的理解。

当肯特·贝克为他那本关于极限编程的著作选择一个副标题时，他选择了"拥抱变化"。我不知道当他选择这个副标题时在想什么，但我开始认为，它的含义比我第一次读他的书时想象的要广泛得多。

如果我们认同这一基本原理，即随着我们学习的深入，我们必须保持改变我们的想法、团队、代码或技术的能力，那么我在本书中谈到的几乎所有其他内容都会自然而然地随之而来。

以一种容许我们犯错并能够改正的方式工作，加深我们对所面临问题的理解，并在设计中体现我们的新理解。无论在哪儿，我们的产品和技术都朝着成功的方向不断发展，诸如此类——这些都是优秀软件工程的目标。

为了能够做到这一点，我们需要以易于撤销的小步骤进行工作。我们需要我们的代码是可以再访问的宜居空间，也许在几个月或者几年后，我们再次访问它时仍然可以理解它。我们需要能够对代码的一部分进行变更，而不影响其他部分。我们需要一种方法可以快速有效地验证我们的变更是安全的。在理想情况下，我们还希望能够随着我们的理解的变化，或者可能是系统的流行程度的变化，而改变我们的一些架构假设。

本书中所有的概念都与此相关，但是对我来说，**抽象**或**信息隐藏**代表通往宜居系统的最清晰的路径。

提高抽象水平

怎样才能得到布鲁克斯式的数量级的提升呢？一个探索的途径是提高编程的抽象水平。

在这种思路中，最常见的主题是加强我们有时用来描绘系统的高级图之间的关系。"如果当我画出我的系统图时，我也可以用这幅图来为我的系统编程，这不是很好吗？"

在过去的几年里，已经有很多尝试来实现这个想法，而且这个想法的新版本往往会呈周期性地出现。在撰写本文时，这种方法的当前化身称为**低代码开发**（low code development）。

然而，有几个问题似乎阻碍了这种方法。

图驱动开发（diagram-driven development）的一种常见方法是，用图来生成源代码。这里的想法是用图来创建代码的大致结构，然后细节可以由程序员手动填写。这个策略几乎注定会因为一个难以解决的问题而失败。这个问题是，随着任何复杂系统的发展，你几乎总是会了解到更多。

在某些时候，你需要重新审视你早期的一些想法。这意味着你的图的第一个版本以及由此而形成的系统的框架结构是错的，并且需要随着你的理解的加深而更改。"往返"的能力，或者，为你的代码创建框架、手动修改细节、改变你的想法、从代码中重新生成图、修改它，但又保留详细变更细节的能力，是一个棘手的问题。这是迄今为止导致所有这些努力都失败的障碍。

那么，完全取消手动编码步骤会怎么样呢？为什么不把图当作代码来使用呢？这也已经被尝试过很多次了。这类系统通常演示得非常好。当构建一些简单的样本系统时，它们看起来非常好且容易。

然而，有两个大问题。一是通过画图而不是编写代码，很难将抽象水平提升到你达到的程度。二是你会丢失我们随着时间的推移，为了支持更传统的编程语言，已经发展出的所有优势，如异常处理、版本控制、调试支持、库代码、自动化测试、设计模式等。

第一个问题就是为什么这些东西演示得如此之好，但并没有真正扩展到实际系统的原因。问题在于，虽然创建一种图形化的"语言"很容易，可以让我们简洁地表达简单的问题，但是要创建一种类似的可视化的"语言"，提供通用工具，让你能够创建任何旧的逻辑片段，则要困难得多。图灵完备语言（Turing complete language）实际上是建立在一些极其常见但相当低级的思想之上的。我们描述和编码一个工作的、复杂的软件系统所需要的细节层次，似乎在本质上就是错综复杂且细粒度的。

思考一下把图表添加到电子表格中的需要。大多数电子表格程序提供的工具都允许你以图表形式添加图表。你可以在电子表格中选择一些数据行和列，并选择你想要添加的图表类型的图片，对于简单的情况，该程序将为你生成一个图表。这些是很好的工具。

但是，如果数据不能轻易地符合简单的预定义模式之一，就会变得比较棘手。图表需求越具体，电子表格中对图表绘制系统的说明就需要越详细。有一点需要说明，对工具的限制会使它们更难使用，而不是更容易使用。现在，你不仅需要清楚地了解你希望你的图表如何工作，还需要深入理解如何绕过或应用图表绘制系统开发人员头脑中的编程模型。

文本是一种对想法进行编码的出乎意料的灵活又简洁的方式。

12.5 对过度设计的恐惧

许多因素迫使开发者放弃对质量负责。其中之一是压力，无论是真实的还是感觉上的，都是为了高效地完成工作。我听说商业人士担心软件开发人员和团队"过度设计"。这是真实的恐惧，我们这些专业技术人员应该为此负责，我们有时是会犯过度设计的错误。

抽象与实用主义

我曾经为一个客户，一家大型保险公司，做过一个项目，那是一个"救援项目"。我在一家咨询公司工作，该公司以能够为在之前的尝试中陷入困境或失败的项目提供有效的解决方案而闻名。

这个项目已经失败了两次，相当惊人。它已经开发了 3 年多，但他们没有任何可用的东西可以展示。

我们开始工作，并在替换方面取得了相当不错的进展。一位来自"战略小组"或类似名称的架构师来找我们，他坚持我们的软件必须符合"全球架构"。因此，作为项目的技术负责人，我研究了这会带来什么。

他们有一个宏大的计划，要构建一个分布式的、基于服务的组件架构，从而抽象出他们的整个业务。他们有技术方面的服务，也有领域级的有用行为。他们的基础设施将负责安全性和持久性，并允许企业中的系统完全集成在一起。

到目前为止，我相信你一定会怀疑，这都是雾件（vapor-ware）。据我所知，他们有大量的文档和大量的代码无法正常工作。这个项目是由一个 40 多人的团队建造的，大约迟了三四年。所有的项目都被要求使用这个基础设施，但是没有一个项目这样做过！

> 听起来像魔术，因为它就是"魔术"，它就是"幻想"。
>
> 我们礼貌地拒绝了，并完成了我们正在构建的系统，而没有使用该架构的想法或技术。
>
> 从纸面上看，这个架构还不错，但实际上，它只是理论。

我们是技术人员，因此，我们有一些共同的倾向。我们应该意识到并防范的这些倾向之一是，追求"技术上闪亮的概念"。我和任何人一样，对技术概念感兴趣，我也为此感到惭愧。这是我们学科的吸引力之一，也是我们重视的学习方式。然而，如果我们要成为工程师，我们必须接受一定程度的实用主义，甚至是怀疑主义。在本书的一开始，我对工程学的定义里，有一部分包括"在经济约束范围内"。我们应该总是考虑最简单的成功之路，而不是最酷的，也不是我们可以添加到我们履历或个人简历中的最先进的技术路线。

无论如何，要跟上新思想的发展。掌握我们工作中的新技术或方法，但始终要根据你试图解决的问题，如实地评估它们的使用情况。如果你正在应用这项技术或思想，以了解它是否有用，就要认识到这一事实，并以试用、原型或实验的形式快速高效地进行探索，而不是将其当作公司未来所依赖的新架构的基石。做好准备，如果效果不佳，就抛弃它，不要在看起来很酷的技术上用整个开发过程来冒险。

根据我的经验，如果我们认真对待"力求简单"的思想，我们更加有可能最终做一些很酷的事情，而不是更无可能。我们更加有可能提升自己的履历和个人简历的价值，而不是更无可能。

还有另一种方式，我们经常被诱惑过度设计我们的解决方案，让它们是**未来适用的**。如果你曾经说过或想过"我们现在可能不需要，但未来可能会需要"，那么你就是"未来适用的"。我过去和其他人一样，并对此感到惭愧，但我已经开始认识到这是设计和工程不成熟的标志。

我们尝试这种未来适用的设计，以确保我们能够应对未来的改进或需求的变化。这是一个很好的目标，但却是错误的解决方案。

再次引用肯特·贝克在《解析极限编程：拥抱变化》一书中向我们介绍的概念。

YAGNI：你不会需要它（You Ain't Gonna Need It）！

肯特的建议是，我们应该编写代码来解决我们目前面临的问题，而且仅此而已。我强烈重申这一建议，但它是一个更大的整体的一部分。

正如我在本书中多次提到的，软件是一种奇怪的东西，它几乎是无限灵活又极其脆弱的。我们可以在软件中创建我们想要的任何结构，但是当我们改变这个结构时，我们就要冒着破坏它的风险。当人们过度设计他们的解决方案，试图证明自己是未来适用的时，其实他们真正尝试解决的问题是他们对更改代码感到紧张的情绪。

为了应对这种紧张情绪，他们现在正在努力及时修复设计，同时也在关注它。他们的目标是在未来不需要再重新审视它。如果你已经看完了这本书，你现在就会知道，我认为这是一个非常糟糕的主意，那么我们应该怎么做呢？

我们可以着手处理代码的设计，以便将来当我们学到新的东西并更改它时，随时都能够回来访问它。我们可以利用这种近乎无限的灵活性，现在我们需要解决的问题就是我们的代码的脆弱性。

怎样才能让我们有信心在未来安全地更改代码呢？有 3 种方法，其中一种方法是愚蠢的。

我们可以非常聪明，完全理解代码及其所有含义和依赖关系，这样我们就可以安全地进行更改。这就是英雄模式，尽管这是一个愚蠢的方法，但这也是据我所知最常见的策略之一。

大多数组织通常都有少数"英雄"[1]，在出现问题时，会要求他们来"挽救大局"，或者在需要做出棘手的更改时，会让他们来完成。如果你的组织中有一位英雄，他需要努力传播他的知识，并与他人合作，使系统更容易理解。这比"英雄们"通常要承担的更为常见的"救火"任务要有价值得多。

对于害怕更改代码的问题，现实的解决方案是抽象和测试。如果我们对代码进行抽象，根据定义，我们就是在隐藏系统中一部分的复杂性，而不让另一部分知道。这意味着，我们可以更安全地更改系统中一部分的代码，并且有更强的信心，即使我们的更改是错误的，也不会对其他部分产生不利影响。为了更确定这一点，我们还需要测试，但是像往常一样，测试的价值并不那么简单。

---

[1] 在吉恩·金的书《凤凰项目：一个 IT 运维的传奇故事》中有一个有趣的虚构例子，布伦特·盖勒（Brent Geller）是唯一能够挽救大局的人。

12.6 通过测试改进抽象

在图 4-2 中，我展示了一条平的变更成本曲线，它代表了理想的情况，在这种情况下，我们希望能够在任何时间进行任何更改，且在时间和工作量方面的成本大致相同。

为了达到这条平的变更成本曲线，我们需要一种有效的、高效的回归测试（regression testing）策略，这实际上意味着一个完全自动化的回归测试策略。进行更改，并运行测试，以便你可以看到你在哪里搞砸了。

这个想法是持续交付的基础之一，是我所知道的工程方法最有效的起点。我们的工作使我们的软件"始终处于可发布状态"，并且我们通过高效的、有效的、自动化的测试来确定软件是"可发布性"。

然而，测试的另一个方面也很重要，不仅仅是发现我们的错误，如果人们从来没有这样做过，他们就很难发现。

这就是我前面描述的可测试性对设计的影响，我们将在第 14 章更深入地探讨这一思想。具体来说，在抽象的上下文中，如果我们将测试作为代码理想行为的小型规范，那么我们就是从外向内描述理想行为。

你不用在完成工作之后编写规范，但你在开始之前需要这些规范。因此，我们将在编写代码之前编写规范（测试）。因为我们没有代码，所以我们的重点更明确地集中在让我们的工作更轻松上。在这一点上，我们的目标是尽可能简单明了地表达规范（测试）。

那么不可避免地，我们正在，或者至少应该，从我们的代码，从它的使用者的角度，尽可能清晰、简单地表达我们对想要的行为的渴望。在这一点上，我们不应该考虑满足那个小型规范所需要的实现细节。

如果我们遵循这种方法，那么根据定义，我们就是在抽象我们的设计。我们正在为代码定义一个接口，它使表达我们的想法变得容易，因此我们可以很好地编写我们的测试用例。这意味着我们的代码也很容易使用。编写规范（测试）是一种设计行为。我们正在设计我们期望程序员与代码交互的方式，而不是代码本身的工作方式。所有这些都是在我们了解代码实现细节之前完成的。这种基于抽象的方法帮助我们将代码需要做什么与如何做分离开来。这个时候，我们很少或根本不会提到我们将如何实现行为，那是以后的事。

　　这是一种实际的、实用的、轻量级的契约式设计（design by contract）[①]方法。

12.7　抽象的力量

　　作为软件开发人员和使用者，我们都熟悉抽象的力量。但是，当我们成为软件生产者时，许多开发人员在他们自己的代码中对抽象的关注却太少。

　　与现代操作系统相比，早期的操作系统并没有太多的硬件抽象。如今，如果我想更换我计算机里的显卡，有一大堆抽象概念可以将我的应用程序与这些更改隔离，因此我可以放心地更换显卡，因为我相信我的应用程序极有可能会继续工作并显示内容。

　　现代云供应商正忙于对运行复杂、分布式、可伸缩的应用程序的许多操作进行抽象而隐藏复杂性。像 AWS S3 这样的 API 看似简单，实则不然。我可以提交任何字节序列，以及可以用来检索它和检索放置它的"存储桶"名称的标签，AWS 将把它分发给世界各地的数据中心，将其提供给任何被允许访问它的人，并提供服务级别协议，以确保除了灾难性的事件之外，所有事件中的访问都得以保存。这是对一些相当复杂的东西的抽象！

　　从更广的方面看，抽象也可以代表组织原则。加语义化标签于数据结构，如 HTML、XML 和 JSON，在通信中非常流行。有些人说更喜欢它们是因为它们是"纯文本"，但事实并非如此。别忘了，**纯文本**对计算机来说意味着什么！最后都是电子流过晶体管，而电子和晶体管也是抽象的！

　　对于在不同代码模块之间发送消息，HTML 或 JSON 的吸引力在于，数据的结构在通信中是显式的，模式（schema）与内容一起传输。我们可以用其他性能更高的机制来做到这一点，比如谷歌的 Protocol Buffers[②]或 SBE[③]，但大多数情况下我们不会这样做。

---

① 契约式设计是一种专注于契约的软件设计方法，契约是系统或其组件所支持的规范。

② 谷歌的 Protocol Buffers 旨在成为比 XML 更小、更快、更高效的版本。

③ 简单二进制编码（simple binary encoding，SBE）用于金融行业。它是一种二进制数据编码方法，它允许你定义数据结构，并生成代码在两端转换它们。它具有其他语义数据编码方法的一些特性，但性能开销较低。更多信息见："FIX 交易社区"（FIX Trading Community）网站上"FIX 标准"（FIX Standards）栏目中的"SBE"子栏目。

开发人员真的很喜欢（实际上）像 JSON 或 HTML 这样效率极低的机制，因为任何东西都可以使用它们。这是因为另一种重要的抽象：纯文本。纯文本并不是绝对的，它也不是文本。它是一种协议和一种抽象，使我们能够处理信息却不必过多地担心信息的组织方式，而只是在某种相当基本的层面上将其表示为字符流。尽管如此，它仍然是一种对我们隐藏信息的抽象。

这种"纯文本"生态系统在计算领域普遍存在，但它不是自然的，也不是不可避免的。人们设计了它，它随着时间的推移而演变。我们需要在字节顺序和编码模式等方面达成一致。所有这些都是发生在我们开始思考底层抽象之前的，通过这些底层抽象我们理解硬件，软件就运行在这些硬件之上。

"纯文本"抽象非常强大。另一个非常强大的抽象是计算中的"文件"抽象，它在 UNIX 计算模型中达到了顶峰，在 UNIX 计算模型中，所有的东西都是文件。通过"管道"文件从一个模块的输出到另一个模块的输入，我们可以连接逻辑来构建新的、更复杂的系统。所有这些都是"虚构的"，只是一种有用的方式，以此来想象和组织正在发生的事情。

抽象是我们处理计算机的基本能力。抽象对于我们理解和处理我们为计算机增值而创建系统的能力，也是至关重要的。在编写软件（在某些方面，这是我们唯一做的事情）时我们所做的事情是什么，对此事的一种看待方法是创建新的抽象。关键是要创建出好的抽象。

12.8　抽象泄漏

抽象泄漏被定义为"一种抽象，它泄漏了本应该隐藏的细节"。

这个概念是乔尔·斯波尔斯基（Joel Spolsky）推广的，他接着说：

> 所有非平凡的抽象都有漏洞。[1]

我偶尔听到人们为糟糕的代码辩解，他们会说一些类似于这样的话："所有的抽象都是有漏洞的，那何必麻烦呢？"这完全忽略了原文和一般抽象概念的要点。

---

[1] 乔尔·斯波尔斯基的原文见："乔尔谈软件"（Joel on Software）网站上的文章《抽象泄漏法则》（"The Law of Leaky Abstractions"）。

没有抽象，计算机和软件就不会存在。"抽象泄漏"概念并不是反对抽象，相反，它讲出了抽象是我们需要谨慎处理的复杂事物。

还有不同种类的"泄漏"。有些泄漏是无法避免的，对此，最有效的方法是仔细思考，并努力将其影响降到最低。例如，如果你想构建一个低延迟系统，以"尽可能接近硬件限制"的方式处理数据，那么"垃圾回收"（garbage collection，GC）机制和"随机存取存储器"（random access memory，RAM）的抽象将成为阻碍，因为它们会使延迟成为一个变量，从而在时间方面发生泄漏。现代处理器的速度比 RAM 快数百倍，所以如果你关心时间，访问就不是随机的。时间成本的不同，取决于你想要处理的信息来自何处。所以要利用硬件，你就需要优化；如果你希望将泄漏的影响降到最低，那么你需要了解硬件的抽象、缓存、预取周期等，并在设计中考虑到它们。

另一种泄露实际上是这样一种情况，即你的抽象试图表现出来的假象被打破了，因为你没有时间、精力或想象力来满足你设计中的这种突破。

将功能故障报告为 HTML 错误的授权服务和返回 NullPointerExceptions 的业务逻辑模块，都用技术故障破坏了业务层抽象。这两者都打破了抽象所要表现的假象的连续性。

一般来说，通过尽可能保持一致的抽象层次来应对第二种泄漏。可以接受的方式可能是，作为某种 Web 服务公开的远程组件，通过 HTML 报告通信故障。这是网络和通信抽象技术领域的问题，而不是服务本身的问题。其中的错误在于使用 HTML 错误代码来处理服务的业务级故障，这就打破了抽象。

一种观点认为抽象（所有的抽象），从根本上讲都是关于建模的。我们的目标是为我们的问题创建一个模型，帮助我们分析问题并帮助我们工作。我喜欢引用**乔治·博克斯**（George Box）的话：

> 所有的模型都是错误的，但是有些模型是有用的。[①]

这就是我们一直面临的情况。不管我们的模型有多好，它们都是真理的代表，而不是真理本身。即使在根本不真实的情况下，模型也可以非常有用。

我们的目标不是要做到尽善尽美，而是要建立有用的模型，我们可以将其用作解决问题的工具。

---

① 统计学家乔治·博克斯的一句话，不过这个观点比较早。

12.9 选择适当的抽象

我们选择的抽象的性质很重要。这里没有普遍的"真理"，这些都是模型。

地图就是一个很好的例子。当然，所有的地图都是现实世界的抽象，但是根据我们的需要，我们有不同类型的抽象。

如果我想驾驶一艘船或一架飞机到达目的地，有一张地图是很有用的，它可以让我测量两点之间的航线。[这种地图，严格地说，叫作**海图**（chart），意思是我可以测量海图上的"方位"，如果我沿着这个方向走，我就能到达正确的地点。]恒定方位海图的概念是由墨卡托（Mercator）在 1569 年发明的。

没有太多细节烦你，恒定方位海图是以所谓的**恒向线**（rhumb line）为基础的。你可以在这种地图上测量一个方位，如果你从 A 点出发，沿着这个方位航行（或飞行），你最终会到达 B 点。

我们都知道，地球不是一个平面。它是一个球体，所以实际上这不是 A 和 B 之间的最短距离，因为在球体表面，两点之间的最短距离是一条曲线，这意味着方位在不断变化。因此，海图的抽象隐藏了更复杂的曲面数学，并提供了一个实用的工具，我们可以用来规划我们的航线。

这种抽象泄漏了这样一个事实，即你行驶的距离比绝对必要的距离要长，但由于我们正在优化易用性，所以它在规划和航行时，都是好用的。

大多数地铁地图使用的是完全不同的抽象。这是哈里·贝克（Harry Beck）在 1933 年发明的。

哈里的地图已经成为设计经典，世界各地都在用它来描绘如何在地下铁路网络中行驶。哈里意识到，当你在伦敦地铁（伦敦的地下系统）中航行时，途中你并不在乎你在哪里。因此，他建立了一个精确的网络拓扑图，与客观的地理环境没有真正的关系。

这种风格的地图，这种抽象，让乘客可以非常清楚地看到哪些列车开往哪些车站，哪些车站与其他线路相连。但是，如果你试图用它在车站之间步行，抽象就会失效。有些车站相距只有几步之遥，但看上去很远；有些车站看起来很近，但其实很远。

我的观点是，对于同一件事有不同的抽象是可以的。如果我们的任务是在伦敦地铁的车站之间铺设网络电缆，那么我们选择哈里的地图就太愚蠢了。但是如果我们想从阿森纳（Arsenal）地铁站到莱斯特广场（Leicester Square）吃晚餐，那么我们选择地理地图就太愚蠢了。

抽象及其核心的建模是设计的基础。抽象对你试图解决的问题的针对性越强，设计就越好。注意，我说的并不是"抽象得越精确"。正如哈里的地铁地图所清楚表明的那样，抽象并不需要精确就可以非常有用。

同样，可测试性可以在我们尝试提出有用的抽象时为我们提供早期的反馈和灵感。

反对单元测试的一个常见论点，有时也反对测试驱动开发，其论点是测试和代码会变成"锁在一起"，所有内容都变得更加难以更改。这更多的是对单元测试的批评，单元测试是在代码完成后编写的。不可避免地，这样的测试与被测试的系统紧密耦合，因为它们是作为测试而不是作为规范编写的。测试驱动开发受这个问题的影响较小，因为我们是首先编写测试（规范），然后根据测试来引导我们对问题进行抽象，正如我所描述的。

然而，这里的微妙之处，以及测试驱动开发交付的巨大价值在于，如果我已经编写了抽象规范，专注于代码应该做什么，而不是它如何实现那个结果，那么我的测试所表达的就是我的抽象。因此，如果测试在面对变更时很脆弱，那么我的抽象在面对变更时也会很脆弱。所以我需要更努力地思考更好的抽象，我不知道还有别的什么办法能得到这样的反馈。

第 13 章讨论耦合，不适当的耦合是软件开发中最显著的挑战之一。本书的这一整个部分实际上都是关于使我们能够管理耦合的策略的。问题是"没有免费的午餐"，过于抽象的设计与欠缺抽象的设计一样令人头疼。它们可能效率低下，并造成不必要的开发和性能成本。所以，存在一个可以触及的最佳点，而我们系统的可测试性是我们可以用来触及它的工具。

总的来说，我们的目标应该是在不做太多额外工作的情况下，保持我们改变对实现的想法并尽可能更改我们的设计的能力。这里没有固定的秘诀。这是优秀软件开发的真正技能，它来自实践和经验。我们需要培养自己的直觉，以便能够发现那些将会限制我们以后改变想法的能力的设计选择，并让我们能够保持对选择的开放性。

这意味着我在这里提供的任何建议都是上下文相关的。然而，这里都是一些指导方针，而不是规则。

12.10　问题领域的抽象

对问题领域进行建模将为你的设计提供一些指导。这将使你能够实现**自然的问题领域关注点分离**，并帮助你，甚至可能迫使你更好地理解你尝试解决的问题。像**事件风暴**（event storming）[1]这样的技术是规划问题范围的一个很好的起点。

事件风暴可以帮助你识别可能代表着感兴趣的概念的行为集群，这些令人感兴趣的概念是设计中模块或服务很好的候选技术。它可以突出问题领域中的有界上下文和自然的抽象分界线，这些有界上下文和抽象分界线比起其他更具技术性的划分，往往相互之间更加解耦。

领域特定语言

在提高抽象层次方面无疑更有发展潜质的一种概念是领域特定语言（domain-specific language，DSL）。然而，根据定义，领域特定语言并不是通用型的。它有意地聚焦在更小的范围，可以更抽象，更加隐藏细节。

这就是当我们看到图驱动开发系统的演示时，我们真正看到的效果。我们看到了领域特定语言对解决范围较窄的问题的影响，在这个例子中领域特定语言是图形化的。在这样的范围里，这些更具约束性的表现想法的方法非常强大且有用。

领域特定语言是一个非常有用的工具，在开发强大的甚至是"用户可编程"的系统方面扮演着重要的角色，但它与通用计算不一样，所以它其实不是本书的论题。因此，我们先把它放下，但是简单说一句，对创建有效的测试用例来说，没有比创建一个领域特定语言更好的方法了，领域特定语言让你可以将系统期望的行为表达为"可执行规范"。

---

[1] 事件风暴是阿尔贝托·布兰多利尼（Alberto Brandolini）发明的一种协作分析技术，它让你能够对问题领域内的交互进行建模。

12.11　抽象偶然复杂性

软件运行在计算机上，计算机的工作方式呈现了它自己的一系列抽象概念和我们不得不应对的限制。其中一些是深层次的，在信息和信息理论的层面上，比如并发和同步与异步通信。其他的则是特定于硬件实现的，比如处理器缓存架构，或者 RAM 与离线存储（offline storage）之间的区别。

除了最琐碎的系统之外，你不能忽略这些东西，并且根据系统的性质，你可能必须非常深入地考虑它们。然而，这些抽象将不可避免地泄漏。如果网络坏了，你的软件最终会受到影响。

一般来说，在我的设计中，我的目标是尽可能地抽象偶然复杂性领域和本质复杂性领域（问题领域）之间的接口。这确实需要一些好的设计思维和一些像工程师一样的思维方式。

开始的问题是，我如何在本质复杂性领域中表现偶然复杂性的世界？系统逻辑需要了解运行它的计算机的哪些信息？我们应该努力使这种需要了解的内容最小化。

代码清单 12-1 展示了来自第 10 章的 3 个内聚力的例子。如果我们从抽象与分离偶然复杂性和本质复杂性的角度来看待这些问题，我们可以获得更多的见解。

代码清单 12-1　3 个内聚力的例子（再次）

```
def add_to_cart1(self, item):
    self.cart.add(item)

    conn = sqlite3.connect('my_db.sqlite')
    cur = conn.cursor()
    cur.execute('INSERT INTO cart (name, price) values (item.name, item.price)')
    conn.commit()
    conn.close()

    return self.calculate_cart_total();

def add_to_cart2(self, item):
    self.cart.add(item)
    self.store.store_item(item)

    return self.calculate_cart_total();
```

```
def add_to_cart3(self, item, listener):
    self.cart.add(item)
    listener.on_item_added(self, item)
```

第一个例子 add_to_cart1 根本没有抽象，结果有点儿混乱。

下一个例子 add_to_cart2 要好一些，我们为存储信息添加了一个抽象。我们在名为 store 的代码中创建了一个"接缝"，这使代码更加具有内聚力，为关注点分离划出清晰的界限，来分离我们问题领域的本质功能（向购物车添加商品、计算总额）和偶然复杂性，这个偶然复杂性是由于计算机区分了存储短暂但较快的 RAM 和可永久存储但较慢的磁盘而导致的。

最后，在 add_to_cart3 中，我们有一个抽象，使我们的本质复杂性代码不受影响。我们的抽象几乎没做什么改动，只是做了非常轻微的让步，引入了一个概念，listener，即对所发生的事情感兴趣的东西。

就抽象的一致性而言，我认为 add_to_cart3 是最好的，甚至存储的概念也被移除了。

这种抽象的吸引人之处在于，偶然关注点的模型是如此清晰，以及因此测试它或使用事件 on_item_added 来增强代码是如此容易。

这种抽象的代价，即可能阻碍 add_to_cart3 成为最佳选择的泄漏，提出了几个问题，如果存储的尝试失败了会发生什么？如果数据库耗尽了连接池中的连接，或者磁盘空间不足，或者代码和数据库之间的网络电缆被意外挖断，又会发生什么？

第一个例子不是模块化的，它缺乏内聚力，它合并了偶然复杂性和本质复杂性，没有关注点分离，这仍然是糟糕的代码！

另外两个例子比较好，不是因为任何人为的美或优雅的看法，而是因为实际、实用。add_to_cart2 和 add_to_cart3 更灵活、耦合更少、更加模块化、更加具有内聚力，这是因为关注点分离和我们所选择的抽象。在这两种抽象之间的选择实际上是设计选择，应该由代码所在的上下文驱动。

我们可以想象几种可行的方法。

例如，如果将商品添加到购物车的存储不足是事务性的，那么我们需要撤销对购物车的更改。这是令人不快的，因为存储的技术问题干扰了我们在此之前纯粹的抽象。也许我们可以努力限制泄漏的程度，看一看代码清单 12-2。

代码清单 12-2　减少抽象泄漏

```
def add_to_cart2(self, item):
    if (self.store.store_item(item))
        self.cart.add(item)

    return self.calculate_cart_total();
```

在代码清单 12-2 中，我们从完全抽象的 add_to_cart3 退回来，让"存储"的概念存在于我们的抽象中。我们用成功或失败的返回值表现了存储和将商品添加到购物车之间的事务性关系。注意，我们没有返回特定于实现的错误代码，并将这些代码泄漏到我们的领域层抽象中，导致混淆我们的抽象。我们将失败限定为其技术本质上的布尔（Boolean）返回值。这意味着捕获和报告错误的问题是在其他地方处理的，在本例中可能是在"存储"的实现中。

这是我们尝试将抽象中不可避免的泄漏的影响最小化的又一个例子。我们也在对失败案例进行建模和抽象，现在我们可以再次想象"存储"的各种实现。因此，我们的代码更灵活了。

或者，我们可以采取一种更宽松、解耦的思想。在代码清单 12-1 中的 add_to_cart3 中，我们可以想象在事件 on_item_added 后面有一些"保证"①。让我们想象一下，如果由于某种原因，on_item_added 失败了，它将被重试，直到可以工作为止。（实际上，我们希望能够比这更好，但为了保持我的例子简单，让我们坚持下去！）

现在我们确信，在未来的某个时刻，"存储"或响应 on_item_added 的任何其他内容都将被更新。

这当然会增加 on_item_added 下面通信的复杂性，但它更强有力地保留了我们的抽象，并且，根据上下文，可能值得付出额外的复杂性。

我展示这些例子的目的不是要详尽地探索所有的选项，而是要展示在工程的权衡下，我们根据系统的上下文可能做出的一些选择。

我提到的"像工程师一样思考"，是指思考事情可能出错的方式，在这里得到了完美的展示。你可能还记得，当玛格丽特·汉密尔顿发明**软件工程**一词时，她将此描述为她

---

① 计算机科学家会非常实事求是地告诉你，不可能提供"有保证的交付"。他们的意思是，你不能保证"只执行一次交付"，但我们可以解决这个问题。见"勇敢的新极客"（BRAVE NEW GEEK）网站上的文章《你不能只执行一次交付》（"You Cannot Have Exactly-Once Delivery"）。

的方法的基石。

　　在这个例子中，我们想象了如果存储失败会发生什么。我们发现，在这种情况下，我们的抽象泄漏了。所以我们不得不多想一想，想出几种不同的方法来应对泄漏。

12.12　隔离第三方系统和代码

　　`add_to_cart1` 与 `add_to_cart2` 和 `add_to_cart3` 的另一个明显的区别是，`add_to_cart1` 暴露了我们的代码，并将其与特定的第三方代码耦合在一起，在代码清单 12-1 中这个第三方代码是 `sqlite3`。这是 Python 中的一个常见库，但即使如此，我们的代码现在也被具体地绑定到了这个特定的第三方库。现在，该版本是 3 个版本中最差的一个的另一个原因是，它与这个第三方代码的耦合。

　　将涉及 `sqlite3`、连接和插入子句的代码块删除，并将其移到其他地方，远离不关心这些内容的代码。做这些付出的代价微不足道，却是向更广泛的通用性方向迈出的一大步，小工作大收获。

　　一旦我们允许第三方代码进入我们的代码，我们就与之耦合了。一般来说，我的偏好和建议是始终使用你自己的抽象将你的代码与第三方代码隔离开来。

　　在我们继续这个想法之前，有一些注意事项。显然，你的编程语言及其通用支持库也是"第三方代码"。我并不是建议你自己封装 `String` 或 `List`，所以我的建议通常是指导原则，而不是硬性的规则。然而，我建议你仔细考虑你的代码中允许"包含"的内容。我的默认立场是，我允许包含标准的语言概念和库，但是不允许包含不是我的语言附带的任何第三方库。

　　我使用的任何第三方库都将通过我自己的外观（facade）或适配器进行访问，这些外观或适配器会抽象并简化我的接口，并在我的代码和库中的代码之间提供一个通常非常简单的隔离层。出于这个原因，我倾向于警惕那些试图将其编程模型强加给我的"包罗万象"的框架。

　　这听起来可能有点儿极端，它本身可能就是极端的，但是这种方法意味着，我的系统更加具有可组合性，也更加灵活。

　　即使是我们在这里看到的微不足道的例子中，`add_to_cart2` 也提供了一个在我的存储实现上下文中有意义的抽象。我可以提供一个版本，它本质上是在 add_to_cart1 的 sqlite3 中实现存储的代码块，但我也可以编写一种完全不同的存储，而不需要以任何方式修改 add_to_cart2 的实现。我可以在不同的场景中使用相同的代码，甚至可以编写某种复合版本的存储，在需要时将商品存储在多个位置。

最后，我们可以根据这种抽象来测试我们的代码，它总是比实际的代码更简单。因此，我的解决方案将显著地更加灵活，并且在出错时更容易更改，只需要很少的额外工作。

12.13　总是倾向于隐藏信息

在不破坏 YAGNI 的情况下，为未来的变更敞开大门，帮助我们引导代码朝着这个方向前进的另一个强有力的指导原则是，倾向于更通用的表现形式，而不是更具体的表现形式，但这个指导原则有些过于简单。对这个思想最清晰的展示可能是通过函数和方法签名。

代码清单 12-3 显示了函数签名的 3 个版本。在我看来，其中一个看起来比其他的要好得多，尽管它像往常一样，是上下文相关的。

代码清单 12-3　倾向于隐藏信息

```
public ArrayList<String> doSomething1(HashMap<String, String> map);

public List<Sting> doSomething2(Map<String, String> map);

public Object doSomething3(Object map);
```

第一个过于具体。当我收集返回值时，我真的在乎它是一个数组列表，而不是其他类型的列表吗？我想我能想象到的我在乎的情况几乎没有，但总的来说，我宁愿不在乎。我几乎可以肯定的是，我感兴趣的是"列表"而不是"数组列表"！

"好吧，"我听到你在喊，"所以总是喜欢最抽象、最通用的表现形式。"是的，但是要在保持抽象的合理范围内。如果我遵循这个建议，并创建 doSomething3 版本的相当令人不快的函数签名，那我将是愚蠢的。这是通用的，可能无济于事。同样，有时 Object 是正确的抽象层次，但这些抽象层次是罕见的，或者应该是罕见的，并且始终处于偶然复杂性领域，而非本质复杂性领域。

所以，总的来说，doSomething2 可能是我最常见的目标。我的代码足够抽象，所以我不太依赖于 doSomething1 的技术独特性，但我的代码也足够具体，有助于呈现和维护一些关于如何使用我的代码产生的信息以及我对所使用信息的期望的指示。

我相信你现在已经厌倦了我重复这一点，但还是要再一次强调，我们识别抽象最佳点的能力，通过**可测试性**的设计而得到了增强。尝试编写测试，并模拟我们正在创建的接口的使用，使我们有机会体验并练习我们对被测代码的接口的理解。

这一点，再加上我们通常倾向于隐藏信息，以及倾向于对我们处理的信息采用更通用的表现形式，这样的表现形式在我们的上下文中是有意义的，这些将再次帮助我们为未来的变更打开大门。

12.14 小结

抽象是软件开发的核心。对有抱负的软件工程师来说，这是一项至关重要的技能。我的大多数例子可能都是面向对象的，这是因为我倾向于这样思考代码。然而，这也非常适用于函数式编程甚至是汇编编程。当我们在代码中构造隐藏信息的接缝时，不管其性质如何，我们的代码都会更好。

第 **13** 章

管理耦合

当我们开始考虑如何管理复杂性时，耦合是需要考虑的最重要的概念之一。

耦合被定义为"软件模块之间的相互依赖程度；对两个例程（routine）或模块之间紧密联系程度的度量标准；模块之间关系的强度"[①]。

耦合对任何系统来说都是基本组成部分，在软件中，我们通常疏忽了对它的讨论。我们经常谈论更加松散的耦合系统的价值，但可以明确一点：如果软件系统的组件完全解耦，那么它们就无法相互通信。这可能有帮助，也可能没有。

我们不能，也不应该，总是完全消除耦合。

13.1 耦合的代价

然而，耦合是对我们可靠、可重复和可持续地创建和交付软件的能力最直接的影响

[①] 资料来源：维基百科。

因素之一。管理系统中的耦合以及创建系统的组织中的耦合，是我们创建任何规模或复杂性软件的前沿能力和核心能力。

系统中像**模块化**和**内聚力**这样的属性，以及像**抽象**和**关注点分离**这样的技术，之所以重要，是因为它们可帮助减少系统中的**耦合**。这种减少直接影响到取得进展的速度和效率，以及软件和组织的可伸缩性和可靠性。

如果我们不认真对待耦合的问题和代价，就会制造出软件中的大泥球，而且我们创建的组织也不可能进行任何改变，或将任何变更发布到生产环境中。耦合是一个大问题！

在第 12 章中，我们探讨了抽象如何能够帮助我们打破一些将哪怕微小的软件片段都捆绑在一起的束缚。如果我们决定不采用抽象的方式，那么代码就是紧耦合的，这会令我们担心系统一部分的更改会影响到另一部分代码的行为。

如果我们不能对本质复杂性和偶然复杂性实现关注点分离，那么代码就是紧耦合的，于是我们必须要担心有时非常复杂的想法，比如并发性，同时还要确保我们的账户余额可以正确计算。这可不是一个好的工作方式！

这并不意味着紧耦合就不好，松耦合就好。恐怕没那么简单。

不过，一般来说，到目前为止，开发人员和团队最常犯的大错误是过度紧耦合。"耦合太松"是有代价的，但它们的代价通常比"耦合太紧"的代价要低得多。因此，通常情况下，我们的目标应该是**倾向于更松散的耦合而不是更紧密的耦合**，但同时也要理解在做出相应选择时所做的权衡。

13.2　扩展

也许耦合最大的商业影响在于我们扩大开发规模的能力。这个信息可能还没有传达给应该被传达到的每个人，但我们很久以前就认识到，给要解决的问题增加人员并不能得到更快、更好的软件。在增加更多的人员减慢开发速度之前，软件开发团队在规模上有一个相当重要的限制（见第 6 章）。

原因在于耦合。如果你的团队和我的团队**在开发上是耦合的**，我们也许可以努力协调我们的发布。我们可以想象一下跟踪变更，每次我更改代码，你都会以某种方式得到通知。这可能只适用于少数人或团队，但很快就会失控——保持每个人步调一致的开销迅速失控。

我们可以通过多种方式将这种开销降至最低，并使这种协调尽可能高效。做到这一点的最佳方法是**持续集成**。我们将把所有代码保存在一个共享空间、一个存储库中，每次我们中的任何人更改任何东西，我们都将检查每件事情是否仍在工作。这对任何一起工作的团队来说都很重要，即使是小群体中的人也能从持续集成带来的清晰性中获益。

这种方法的可扩展性比几乎所有人预期的要好得多。例如，谷歌和脸书（Facebook）对它们几乎所有的代码都这样做。以这种方式扩展的缺点是，你必须在工程中对存储库、编译、持续集成和自动化测试投入巨资，才能足够快地获得关于变更的反馈，从而指导开发活动。大多数组织都不能或不愿意在必要的变更中投入足够的资金来实现这一目标[①]。

你可以将此策略视为用来应对耦合的症状的。我们让反馈非常快速、非常高效，这样即使我们的代码和我们的团队是相互耦合的，我们仍然可以取得高效的进展。

13.3　微服务

另一个有意义的策略是解耦或至少降低耦合程度，这就是**微服务**方法。微服务是构建软件的最具可伸缩性的方式，但它并不是大多数人认为的那样。微服务方法比它看起来要复杂得多，需要相当复杂的设计才能实现。

正如你可能从这本书中了解到的那样，我相信组织我们系统的服务模型。它是一个有效的工具，可以在模块周围画线，并使我们在第 12 章讨论的抽象接缝具体化。但是，重要的是要认识到，这些优点是真实的，与你选择如何部署你的软件无关，它们也比微服务的概念早了几十年。

微服务一词于 2011 年首次使用。微服务中没有什么新东西，所有的实践和方法都被使用过，而且以前经常被广泛使用，但是微服务方法把它们放在了一起，并使用这些思想集合来定义什么是微服务。微服务有一些不同的定义，以下是我使用的定义。

微服务是：

- 小的；

---

① 我的另一本书《持续交付：发布可靠软件的系统方法》，描述了扩展软件工程方面所必需的实践。

- 专注于一项任务的；
- 与有界上下文一致的；
- 自主的；
- 可独立部署的；
- 松耦合的。

我相信你可以看到，这个定义与我描述的优秀软件设计的方式非常一致。

这里最高明的思想是，服务是"可独立部署的"。软件的**可独立部署**组件在许多不同的环境中已经存在很长时间了，但是现在它们是定义架构风格的一部分，而且是核心部分。

这是没有这个概念的微服务的关键定义特征，它们没有引入任何新东西。

基于服务的系统至少从 20 世纪 90 年代初就开始使用语义消息传递了，而构建基于服务系统的团队也相当普遍地使用了微服务的所有其他常见特征。微服务的真正价值在于，它们的编译、测试和部署可以独立于与它们一起运行的其他服务，甚至独立于与它们交互的其他服务。

想想这意味着什么。如果我们可以构建一个服务，并且可以相对于其他服务而**独立部署**它，就意味着我们不用关心其他服务的版本。这意味着在我们的服务发布之前，我们的服务不用与其他服务一起测试。这种能力为我们赢得了专注于眼前这个简单模块的自由：我们的服务。

我们的服务需要具有内聚力，这样它就不会太依赖于其他服务或其他代码。它需要与其他服务之间是非常松耦合的，这样它或它们就可以在没有任何一方破坏另一方的情况下进行更改。否则，在我们发布之前，如果我们的服务没有与那些其他服务一起测试，我们将不能部署我们的服务，这样它就不是**可独立部署的**。

这种独立性及其可能的影响，通常被那些自认为自己正在实施微服务方法的团队所忽视。这些团队虽然认为自己正在实施微服务方法，但是他们却没有将微服务解耦得足够充分，以达到可以让人们相信，他们的服务可以部署，而无须在此之前先与其他共同协作的服务一起进行测试。

微服务是一种组织扩展模式，这就是它的优势。如果你不需要扩大组织中的开发规模，就不需要微服务（尽管"服务"可能是个很好的主意）。

微服务让我们能够通过将服务彼此解耦，以及至关重要的，将生产这些服务的团队彼此解耦，来扩展我们的开发功能[①]。

现在你的团队可以按照自己的节奏取得进展，而不用管我的团队进展的速度是快是慢。你不用关心我的服务是什么版本，是因为你的服务足够松耦合，让你不需要关心。

这样解耦是有代价的，服务本身需要被设计成在与合作者一起面对改变时更加灵活。我们需要采用的设计策略，能够隔离我们的服务与其他地方的变更。我们需要打破**开发上的耦合**，这样我们才能彼此独立地工作。如果你不需要扩大团队规模，那么正是因为这个代价，微服务可能是一个错误的选择。

可独立部署是有代价的，就像其他事情一样。代价是，我们需要将服务设计为拥有更好的抽象、更好的隔离，并且在与其他服务的交互中更加松耦合。我们可以使用各种技术来实现这一点，但所有这些技术都增加了服务的复杂性，扩大了我们所承担的设计挑战的规模。

13.4　解耦可能意味着更多的代码

让我们试着挑出其中一些代价，以便我们能更好地理解它们。一如既往地，我们所做的决策需要付出代价。这就是工程的本质，这总是一场权衡的游戏。如果我们选择解耦我们的代码，我们几乎肯定会编写更多的代码，至少一开始是这样的。

这是许多程序员常犯的设计错误之一。有一种假设是"代码越少越好"，而"代码越多越糟"，但情况并非总是如此。这里有一个关键的点，在这一点上，情况显然并非如此。让我们再次回顾一下我们在前几章中使用的例子，代码清单 13-1 再次展示了添加商品的代码。

代码清单 13-1　一个内聚力的例子（再一次）

```
def add_to_cart1(self, item):
    self.cart.add(item)

    conn = sqlite3.connect('my_db.sqlite')
    cur = conn.cursor()
```

[①] 1967 年，马尔文·康威创立了"康威定律"，即"任何组织设计一个系统（广义上的定义）所产生的设计，其架构都是该组织沟通结构的副本"。

```
    cur.execute('INSERT INTO cart (name, price) values (item.name, item.price)')
    conn.commit()
    conn.close()

    return self.calculate_cart_total();
```

如果忽略空行，这里有 8 行代码。如果我们通过抽象一个方法来使代码更好，我希望我们都同意这样更好，但是我们确实需要添加更多行代码。

在代码清单 13-2 中，为了降低耦合、提高内聚力和实现更好的关注点分离，我们付出了多增加两行代码的代价。如果我们下一步是引入作为参数传递的新模块或类，我们则需要再多添加几行代码来进一步改进我们的设计。

代码清单 13-2　降低耦合

```
def add_to_cart1(self, item):
    self.cart.add(item)
    self.store_item(item)
    return self.calculate_cart_total();

def store_item(self, item):
    conn = sqlite3.connect('my_db.sqlite')
    cur = conn.cursor()
    cur.execute('INSERT INTO cart (name, price) values (item.name, item.price)')
    conn.commit()
    conn.close()
```

我听说有些程序员拒绝使用我在本书中描述的设计方法，我也听说还有一些程序员拒绝使用自动化测试，原因是"我必须输入更多代码"，这些程序员是在优化错误的内容。

代码是一种交流手段，而且它主要是一种与人交流的手段，而不是与计算机交流的手段。

我们的目标是使我们的工作和与我们的代码交互的其他人的工作更容易。这意味着可读性不是代码的一种无用的、纯理论的属性，它并非只对那些痴迷风格和美学的人有意义。可读性是优秀代码的基本属性，它对代码的价值有直接的经济影响。

因此，确保我们的代码和系统是可理解的，这一点很重要，但事情远不止如此。通过数我们输入的字符数，采用这种"愚蠢、天真"的方法来评估效率，这样的想法是荒谬的。如果我们考虑 8 行代码，那么代码清单 13-1 中那种非结构化的、耦合的代码的行数可能更少。但是，如果这个函数有 800 行，则更有可能出现重复和冗余。管理代码的复杂性很重要，原因有很多，但其中一个原因是，它可以极大地帮助我们发现冗余和重复并将其删除。

在实际系统中，我们最终的代码更少，是我们通过仔细思考，精心设计，并通过代码进行清晰的交流而实现的，而不是通过数清我们输入了多少个字符来实现的。

我们应该优化思维方式，而不是优化输入代码的数量！

13.5 松耦合不是唯一重要的类型

迈克尔·尼加德（Michael Nygard）[①]有一个很好的模型来描述耦合。他将耦合分成一些类（见表 13-1）。

表 13-1　　　　　　　　　　　　　　尼加德耦合模型

类型	效果
操作上的耦合	没有提供者，使用者就不能运行
开发上的耦合	生产者和使用者的变更必须协调一致
语义上的耦合	因为共同的概念而一起变更
功能上的耦合	因为共同的任务而一起变更
附带的耦合	无缘由的一起变更（如破坏 API 的更改）

这是一个有用的模型，系统设计对所有这些类型的耦合都有影响。如果只有我完成了我的变更，你才能将你的变更发布到生产环境中，那么我们就是在开发上耦合的。我们可以通过在设计中所做出的选择来处理这种耦合。

如果只有你的服务已经开始运行了，我的服务才能启动，那么我们的服务是在操作上耦合的，同样，我们可以选择通过我们的系统设计来处理这种耦合。

认识这些不同类型的耦合，是向前迈出的很好的一步。思考并决定处理哪种耦合以及如何处理是另一回事儿。

---

① 迈克尔·尼加德是一名软件架构师，也是《发布！设计与部署稳定的分布式系统》的作者。他在几个会议上的精彩的演讲中，展示了他的耦合模型。

13.6　倾向于松耦合

正如我们所看到的，松耦合是有代价的，而且更多代码的代价最终也会成为性能上的代价。

耦合可能过于松散

许多年前，我在一家大型金融公司做顾问。他们构建的一个重要的订单管理系统出现了相当严重的性能问题，我去公司想看看我是否能帮助他们提高系统的性能。

负责设计的架构师非常自豪，因为他们"遵循了最佳实践"。他对"最佳实践"的解释是减少耦合并增加抽象，在我看来，这两件事都是好的，但团队做到这一点的方法之一是为他们的关系数据库创建一个完全抽象的模式。这个团队为他们可以在数据库中存储"任何东西"而感到自豪。

他们所做的本质上就是创建一个"名值对"（name-value pair）存储，并混合一种使用关系数据库作为存储的自定义"星形模式"（star schema）。然而不仅如此，就应用程序而言，"记录"中的每个元素都是数据库中的一条单独记录，伴随着可以检索到兄弟记录（sibling record）的链接。这意味着它是高度递归的。

代码非常通用，非常抽象，但是你想加载任何东西，几乎都需要与数据库进行数百次甚至数千次的交互，才能在你操作数据之前先将数据取出。

太多的抽象和太多的解耦可能是有害的！

那么，重要的是了解这些潜在的代价，不要让抽象和解耦走得太远，但正如我前面所说的，更常见的失败恰恰相反。大泥球比过于抽象、过度解耦的设计要常见得多。

在我职业生涯的后期，我致力于设计非常高性能的系统，所以我非常重视设计中的性能。然而一个常见的错误是，假设高性能的代码是混乱的，不能承担太多的函数或方法调用。这是老派思维，应该予以摒弃。

实现高性能的途径是简单、高效的代码，可想而知，如今，对大多数常见的语言和平台来说，简单、高效的代码可以很容易地被我们的编译器和硬件理解，甚至更好。性能不是形成大泥球的理由！

即便如此，我还是可以接受这样的观点，即在高性能代码块中，要谨慎对待解耦的程度。

诀窍是画出抽象的接缝，使系统的高性能部分位于这条接缝的一边或另一边，这样它们就是内聚的，并接受从一个服务或一个模块到另一个服务或模块的过渡将会带来额外的成本。

服务之间的这些接口在某种程度上**更倾向于松耦合**，这样每个服务都会对其他服务隐藏细节。这些接口是系统设计中更重要的点，应该更加小心地对待，并允许它们在运行时开销和代码行方面付出稍高的代价。这是一种可以接受的权衡，也是朝着更加模块化、更灵活的系统迈出的宝贵一步。

13.7　这与关注点分离有何不同？

看起来，**松耦合**和**关注点分离**是类似的概念，而且它们肯定是相关的。有两段紧耦合的代码，但它们却有非常好的关注点分离，或者松耦合却关注点分离较差，这都是完全合理的。

第一种情况很容易想象。我们可以有一个处理订单的服务和一个存储订单的服务。这是很好的关注点分离，但是我们在它们之间传递的信息可能是详细的和精确的。这两个服务可能需要一起变更，如果一个服务改变了其"订单"的概念，它可能会破坏另一个服务，因此它们是紧耦合的。

第二种情况，松耦合但关注点分离不佳，在实际系统中可能更难想象，尽管很容易在抽象中想到。

我们可以想象两个服务，它们分别管理某种类型的两个独立账户，一个账户向另一个账户汇款。让我们假设这两个账户通过消息异步地交换信息。

账户 A 发送消息"账户 A 借记 X，贷记账户 B"。稍后，账户 B 看到消息，并将资金贷记入自己的账户。这里的事务在这两个不同的服务之间被分割。我们希望发生的是，钱从一个账户转移到另一个账户。这是一个行为，但该行为没有内聚力。我们在一个地方转出资金，在另一个地方转入这笔资金，尽管这里需要某种整体"事务"的体验。

如果我们像我所描述的那样实现它，这将是一个非常糟糕的主意。它过于简单，注定要失败。如果某个地方的传输出现问题，资金可能会消失。

我们肯定需要做更多的工作，建立某种协议，来检查事务的两端是否步调一致。然后，我们可以确认，如果资金从第一个账户中转出，它肯定会在第二个账户中转入，但我们仍然可以想象以一种松耦合的方式做到这一点，即使不是在语义上，也是在技术上。

13.8　DRY 太过于简单化

DRY 是"不要重复你自己"（don't repeat yourself）的缩写。这是对我们的愿望的一个简短的描述，我们希望对系统中每个行为片段都有一个唯一的规范表示。这是一个好建议，但并不总是好建议。与以往一样，实际情况要复杂得多。

DRY 对单个功能、服务或**模块**而言是个极好的建议。除此之外，我会将 DRY 扩展到版本控制存储库或部署流水线的范围。不过，这是有代价的。有时，在服务或模块之间应用时，这将导致非常高的成本，尤其是如果它们是独立开发的。

问题在于，在整个系统中为任何给定的想法都使用一个规范表示的成本会增加耦合，而耦合的成本可能会超过复制的成本。

这是一种平衡。

依赖关系管理是开发耦合的一种潜在形式。如果你的服务和我的服务共同使用某种库，当我更新我的服务时，你被迫更新你的服务，那么我们的服务和我们的团队是在开发上耦合的。

这种耦合将对我们自主工作的能力和在对我们重要的事情上取得进展的能力产生极大的影响。在你为了使用我的团队强加给你的库的新版本而做出改动之前，你可能会遇到一个问题，那就是推迟发布。或者这可能是一件痛苦的事情，因为你正在做一些其他的工作，而现在这个改动会使你正在进行的工作变得更加困难。

DRY 的优势在于，当某些东西发生变化时，我们只需要在一个地方更改代码。劣势是，每个使用该代码的地方都以某种方式耦合。

从工程的角度来看，我们可以使用一些工具来帮助我们，最重要的一个是部署流水线。

在持续交付中，**部署流水线**意味着为我们提供关于系统可发布的清晰、确定的反馈。

如果流水线显示"一切看起来都很好"，那么我们就可以放心发布，无须进一步地工作。这暗示了关于部署流水线范围的一些重要内容，它应该是"一个可独立部署的软件单元"。

如果我们的流水线显示一切都很好，那么我们就可以发布，这为我们提供了 DRY 合理的使用范围。DRY 应该是部署流水线范围内的指导原则，但应该积极避免在流水线之间使用它。

如果你正在创建一个基于微服务的系统，每个服务都是可独立部署的，并且每个服务都有自己的部署流水线，那么你不应该在微服务之间应用 DRY。**不要在微服务之间共享代码。**

这很有趣，也是促使我写这本书的思想基础。我关于耦合的建议与一些看似遥远的事情有关，这并非随机的或偶然的。这里有一条推理线，它从计算机科学中一个相当基本的思想——耦合出发，并通过设计和架构将它与一些似乎跟我们如何构建和测试软件相关的事情联系起来：部署流水线。

这是我在这里试图描述和推广的工程原理和方法的一部分。

如果我们遵循这样的推理思路——从一些思想开始，如获得关于我们工作的良好反馈的重要性，随着工作的进行创造高效且有效的学习方法，并将我们的工作分割成多个部分，使我们能够处理我们创建的系统的复杂性，以及让我们能够创造这些系统的人类系统的复杂性——然后我们就在这里结束。

通过使我们的软件始终处于可发布状态——这也是持续交付的核心原则，我们不得不考虑可部署性和部署流水线的范围。通过优化我们的方法，我们可以快速学习，如果我们犯了错，也可以快速失败，这是本书第 1 部分的目标，然后我们被迫解决系统的可测试性。这引导我们创建更加具有模块化、更加具有内聚力、具有更好的关注点分离、具有更好的抽象分割线的代码，以保持隔离变更和松耦合。

所有这些思想都是相互关联的。所有这些都是相辅相成的，如果我们认真地对待它们，并将它们作为我们如何处理工作的基础，那么它们会成就我们，使我们更快地创建更好的软件。

无论软件工程是什么，如果它不能帮助我们更快地创建更好的软件，它就不能算作"工程"。

13.9　异步作为松耦合的工具

第 12 章讨论了抽象泄漏，其中一个抽象泄漏的概念是跨进程边界的同步计算。

一旦我们建立了这样的边界，无论它的性质如何，任何同步的想法都是一种错觉，而这种错觉是有代价的。

当考虑分布式计算时，这种抽象泄漏最严重。如果服务 A 与服务 B 通信，那么思考一下如果网络将它们分隔开，通信可能失败的所有地方。

同步的错觉，这种抽象泄漏，可能存在，但只有在这些失败发生的点，以及这些失败将会发生的点才会存在。图 13-1 显示了分布式会话可能会出错的地方。

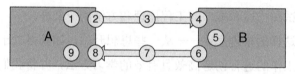

图 13-1　同步通信中的故障点

1. **A** 中可能有 bug。

2. **A** 可能无法建立网络连接。

3. 信息可能在传输过程中丢失。

4. **B** 可能无法建立网络连接。

5. **B** 中可能有 bug。

6. 网络连接可能会在 **B** 发送响应之前失效。

7. 响应可能在传输过程中丢失。

8. **A** 可能在收到响应之前失去连接。

9. **A** 对响应的处理可能有 bug。

除了 1 和 9 之外，列出的每个故障点都是同步通信的抽象泄漏。每一项都增加了处理错误的复杂性。几乎所有这些错误都可能导致 A 和 B 的步调不一致，进一步加剧复杂性。这些故障中只有一些可以被发送方 A 检测到。

现在，假设 A 和 B 正在就某个业务层的行为进行通信，就好像这次对话是同步的一样。当出现连接问题或消息在网络上丢失等情况时，这种技术故障就会侵入相应业务层的对话。

通过更严密地反映真实情况，可以显著缓解此类泄漏。网络其实是异步通信设备，现实世界中的通信是异步的。

如果你和我交谈，在我问了你一个问题后，我的大脑不会"冻结"等待回答，它会继续做其他事情。更好的抽象，更接近现实，将不太会以令人不快的方式泄漏。

这并不是一个深入研究具体设计方法的地方，但是我相信应将进程边界视为异步的，并仅通过异步事件在分布式服务和模块之间进行通信。对于复杂的分布式系统，这种方法显著地降低了抽象泄漏的影响，并减少了与系统潜在的偶然复杂性的耦合。

想象一下，一个可靠的异步消息传递系统对图 13-1 中故障点的影响。所有同样的故障都可能会发生，但如果服务 A 只发送异步消息，且稍后只接收新的异步消息，那么现在服务 A 就不需要担心列表中 2 之后的任何故障了。如果一颗陨石击中了包含服务 B 的数据中心，那么我们可以重建数据中心，重新部署服务 B 的副本，并重新提交服务 A 最初发送的消息。虽然已经过去了很久，但所有的处理过程都以完全相同的方式继续，就好像整个对话只用了几微秒。

本章讨论的是耦合，而不是异步编程或设计。这里我的目的不是让你相信异步编程的优点（虽然异步编程有很多优点），而是以它为例来说明，通过巧妙地运用它的思想来减少耦合。在这个例子中，是减少网络和远程通信的偶然复杂性与我的服务业务功能的本质复杂性之间的耦合，那么我可以编写一段代码，无论系统是否正常运行，它都能工作。这是针对一类特殊问题精心设计的答案。

13.10 松耦合设计

同样，努力编写可测试的代码，将为我们的设计带来有用的压力。如果我们注意的话，这将鼓励我们设计更加松耦合的系统。如果我们编写的代码很难测试，那么通常是由于某种不幸的耦合程度造成的。

因此，我们可以对来自设计的反馈做出反应，并对其进行更改，以降低耦合，使测试更容易，并最终得到更高质量的设计。这种增强代码和设计质量的能力，是我对真正的软件工程方法的最低期望。

13.11　人类系统中的松耦合

我逐渐认识到，耦合通常是软件开发的核心，正是这件事使软件开发变得很难。

大多数人可以在几小时内学会编写一个简单的程序。人类非常擅长语言，即使是奇怪的、语法受限的、抽象的语言，比如编程语言，但这不是问题所在。事实上，大多数人都能够轻松地掌握一些概念，从而让他们能够编写几行代码，这完全是另一种问题，因为这很容易让人们对自己的能力产生错觉。

专业的编程不是关于将指令从人类语言翻译成编程语言的，机器就可以做到这一点[①]。专业的编程是关于创建问题的解决方案的，而代码是我们用来获取解决方案的工具。

在学习编码时，有很多东西需要学习，但你可以快速入门，在自己处理简单问题的同时，取得很大的进步。困难的部分来自我们创建的系统，以及与我们一起创建它们的团队在规模和复杂性上的不断增长。这就是耦合开始发挥作用的时候。

正如我所暗示的，这不仅与代码有关，而且至关重要的是，还与创建代码的组织中的耦合有关。在大型组织中，开发上的耦合是一个常见的、成本极高的问题。

如果我们决定通过集成我们的工作来解决这个问题，那么无论我们决定如何处理它，集成都是要付出代价的。我的另一本书《持续交付：发布可靠软件的系统方法》，从根本上讲是关于高效管理这种耦合的策略的。

在我的职业生涯中，我看到许多大型组织受到组织耦合的束缚。他们发现几乎不可能将任何更改发布到生产环境中，因为多年来他们忽视了耦合的成本，以至于到现在，哪怕进行最小的变更也需要数十人甚至数百人来协调配合。

只有两种策略是有意义的：要么采取协调的方法，要么采取分布式方法。每种方法都有成本和收益，这似乎是工程性质的一部分。

---

① GPT3 是一个在互联网上训练的机器学习系统，它可以编写简单的应用程序。见"全栈 Python"（Full Stack Python）网站上的文章"GPT-3"。

重要的是，这两种方法都深受收集反馈的效率的影响，这就是持续交付是一个如此重要的概念的原因。持续交付是建立在优化开发过程中的反馈循环的思想上的，在某种程度上，从本质上讲，它使我们能够持续得到关于工作质量的反馈。

如果你想在大型、复杂的软件中保持一致性，那么你应该采用协调的方法。用这种方法，你把所有的内容一起存储、一起编译、一起测试、一起部署。

这给了你清晰、准确的画面，但代价是你需要能够快速、高效地完成所有这些事情。我通常建议你努力每天多次获得此类反馈。这意味着需要投入大量的时间、精力和技术，以便足够快速地获得反馈。

这并不妨碍多个团队一起工作于这个系统，也不意味着团队以这种方式创建的系统是紧耦合的。这里我们讨论的是产品发布的评估范围。在这种情况下，该范围是整个系统。

当独立的团队半独立地工作时，他们通过共享的代码库和整个系统的持续交付部署流水线来协调他们的活动。

这种方法让工作于更加紧耦合的代码、服务或模块的团队，能够以最小的反馈代价取得良好的进展，但是，我重申，你必须努力使反馈足够快。

分布式方法目前更受欢迎，这是一种微服务方法。在微服务组织中，决策是有意按照分布式制定的。微服务团队彼此独立工作，每个服务都是可独立部署的，团队之间没有直接的协调成本，但是有间接成本，这种成本来自设计方面。

为了减少组织耦合，避免稍后在过程中一起测试服务的需要是很重要的。如果服务是可独立部署的，就意味着它们也要独立测试，因为没有测试，我们要如何判断可部署性呢？如果我们一起测试两个服务，并发现其中一个服务的版本 4 可以与另一个服务的版本 6 一起工作，那么我们真的要在不测试它们的情况下发布版本 4 和版本 6 吗？所以它们不是独立的。

微服务方法对软件开发来说是最具有可伸缩性的策略之一。你可以拥有任意数量的团队，或者至少你可以找到尽可能多的人来组建团队并资助他们。

代价是你放弃了协作，或者至少将其简化到最简单、最通用的程度。你可以提供集中的指导，但不能强制执行，因为强制执行会产生协调成本。

重视微服务的组织会有意识地放松控制。事实上，如果不放松控制，微服务方法几乎没有意义，甚至毫无意义。

这两种方法——而且是仅有的有意义的两种方法，都是关于管理团队之间耦合的不同策略的。当耦合度高时，你可以通过提高检查错误的频率来管理耦合，当耦合度低时，完全不用检查错误，至少在发布之前不用检查。

这两种方法都有代价，但没有真正的折中方案，尽管许多组织错误地试图制定一个折中方案。

13.12 小结

耦合是软件开发核心的"恶魔"。一旦软件的复杂性不再不重要，那么获得正确的耦合，或者至少努力管理你所设计的无论什么程度的耦合，通常是成功与失败的区别。

如果你的团队和我的团队，可以在不需要协调的情况下取得进展，"DevOps 状态"报告指出，我们更有可能定期地提供高质量的代码。

我们可以通过 3 种方式实现这一目标。我们可以使用更加耦合的代码和系统，但是通过持续集成和持续交付，足够快地获得反馈，以快速发现问题。我们可以设计更加解耦的系统，这样我们就可以在不强迫别人更改的情况下，安全、有信心地做出变更。或者我们可以使用已经商定并固定的接口，这样我们就永远不用更改它们。实际上这些是仅有的可行的策略。

无论是在你的软件还是在你的组织中，如果你忽视耦合的代价，那么你将面临危险。

第 4 部分

支持软件工程的工具

第 14 章

工程学科的工具

当我思考对软件来说真正的工程学科应该意味着什么时，我没有过多地考虑特定的工具、编程语言、过程或图解技术。相反，我想到的是结果。

任何名副其实的**软件工程**方法都必须建立在我们对学习、探索和实验思想的需求之上。最重要的是，如果它不能帮助我们更快地构建更好的软件，那它就是"潮流"而不是工程。工程应是有效的东西，如果它不奏效，我们将改变它，直到它有效为止。

虽然我可能没有想到具体的工具，但这并不意味着没有。这本书基于这样一个思想，即有一些智能"工具"，我们可以普遍地将它们应用于软件开发，从而可以显著地提高我们更快地构建更好的软件的机会。并非所有的思想都是同等的，有些思想很糟糕，我们应该抛弃它们。

在这一章中，我将探讨一些贯穿全书的思想，这些思想把书中所有其他的内容联系在一起。如果你忽略了我写的所有其他内容，只采纳了这些思想，并将它们视为你进行软件开发的基本原则，那么你会发现你获得了更好的结果。并且随着时间的推移，你会了解到我在这本书里写到的所有其他思想，因为它们是合乎逻辑的结果。

14.1 什么是软件开发?

软件开发当然不仅仅是简单地了解与编程语言相关的语法和库。在许多方面，我们捕捉到的思想比我们用来捕捉它们的工具更重要。毕竟，我们获得报酬是为了解决问题，而不是为了使用工具。

不管出于什么目的，如果我们不知道软件是否有效，那么编写软件意味着什么呢?

如果我们仔细检查我们编写的代码，但从不运行它，我们就相当于把自己交给了命运。人类恰恰不是这样工作的，即使对于像人类口语这样解释不精确的语言，我们也总是在犯错。你是否曾经写过什么东西——可能是一封电子邮件——没有经过校对就发送出去了，然后才发现所有的语法错误或拼写错误，但是为时已晚?

我和本书的编辑们非常努力地清除这本书中的错误，但是尽管如此，我非常肯定你还是发现了一些错误。人类是容易犯错的，我们特别不擅长检查事物，因为我们往往倾向于看见我们期望看见的东西，而不是真实存在的东西。这与其说是批评我们懒惰，不如说是承认我们生理上的局限性。我们天生就喜欢妄下结论，对生活环境恶劣的野人来说，这是一种非常好的特质。

软件不能容忍错误，仅仅校对和审查代码是不够的。我们需要对它进行测试，以检查它是否有效。这种测试可以采用多种形式，但无论是我们非正式地运行代码来看看会发生什么，还是在调试程序中运行代码来观察事情会如何发生变化，还是运行一连串行为驱动开发场景，这一切都只是我们努力尝试获得关于我们所做的变更的反馈。

正如第 5 章所讨论的，反馈需要快速、高效，才有价值。

如果我们必须进行测试，那么现在唯一的问题是，我们应该如何尽可能高效且有效地测试?

我们可以选择一直等到我们认为我们完成了工作，然后一起测试所有的东西。也许我们可以将我们的软件发布到生产环境中，让我们的用户免费为我们测试它?这可不是最有可能成功的途径!低质量的工作是要付出商业代价的，这就是在软件开发中采用工程方法很重要的原因。

我们或许应该在将变更发布到生产环境之前，进行某种形式的评估，而不是祈祷我们的代码能够正常工作。我们有几种不同的方式来组织这种评估。

如果一直等到我们认为已经完成了，那么我们显然没有得到高质量、及时的**反馈**。我们可能会忘记我们所做的所有细微的改动，所以我们的测试将会有些粗略，这也将会是件苦差事。

在这一点上，许多组织决定雇用一些人来为我们做这些琐事。现在我们又回到了原点，"被命运绑架"，猜测我们的软件可能会有效工作，并依赖别人告诉我们它并没有。与在生产环境中等待用户的抱怨相比，这无疑是向前迈出的一步，但这仍然是一个低质量成果。

在过程中以单独人群的形式添加单独的步骤，并不能提高我们收集反馈的速度或质量。这不是对相关人员的批评，所有人都太慢，在他们所做的事情上太变化无常，而且成本太高，无法与自动化收集我们所需要的反馈的方法相比。

我们也会太晚收到反馈，在我们开发软件的时候我们并不知道它是好是坏。这意味着我们将错过宝贵的学习机会，如果反馈更及时，我们本可以从中受益。相反，我们却等到我们认为完成了，然后从人们那里得到低质量的、缓慢的反馈。无论他们多么熟练和勤奋，他们都不会知道系统的内部工作原理，因为在设计时并没有考虑到测试。

我猜想，我们最终可能会对我们的软件质量感到惊喜，这也是有可能的。但我怀疑，更有可能的是，我们会对我们留下的"愚蠢错误"感到震惊。要记得，我们还没有做过其他测试，甚至到目前为止还没有运行过它。

我相信你能看出来，我认为这远远不够好。

这是一个糟糕的想法，所以在我们走到这一步之前，我们**必须**在我们的过程中建立某种检查。现在才发现用户无法登录，而我们炫酷的新功能实际上损坏了磁盘，已经太迟了。

所以，如果我们必须做一些测试，就让我们聪明一点。我们要如何组织我们的工作，使我们需要做的工作量最小化，同时使我们在持续前进的过程中获得的领悟最大化呢？

在第 2 部分中，我们谈到了优化学习，那么我们希望学习什么，最高效、最有效的方法是什么呢？

在我们即将编写一些代码时，有 4 类相关的学习。

- "我们解决的问题正确吗？"
- "我们的解决方案像我们想象的那样有效吗？"

- "我们的工作质量如何？"
- "我们的工作效率高吗？"

这些问题肯定很难回答，但是从根本上说，在我们开发软件时，这就是我们感兴趣的全部内容。

14.2 可测试性作为工具

如果我们打算测试我们的软件，那么为了使我们的工作更轻松，我们应该使我们的软件更容易测试，这是有道理的。我已经讲述了（在第 11 章）**关注点分离**和**依赖注入**如何使我们的代码更加可测试。事实上，很难想象可测试的而不是模块化的代码，居然是内聚的，具有良好的**关注点分离**，并表现出信息隐藏的特质。如果它做了所有这些事情，那么它将自然而然地成为**适当耦合**的。

让我们来看一个简单的例子，它说明了使我们的代码更加可测试的影响。在这个例子中，除了遵循我希望能够测试某些东西的推理思路之外，我不打算做任何事情。代码清单 14-1 显示了一个简单的 Car 类。

代码清单 14-1　简单的 Car 类

```
public class Car {
  private final Engine engine = new PetrolEngine();

  public void start() {
     putIntoPark();
     applyBrakes();
     this.engine.start();
  }

  private void applyBrakes() {
  }

  private void putIntoPark() {
  }
}
```

这个类有一个发动机，即 PetrolEngine。当你"启动汽车"时，它会做几件事：确定 Car 已被置于驻车挡，踩下刹车，启动 Engine。看起来是可以的，很多人会编写类似这样的代码。

现在让我们来对 Car 类进行测试，如代码清单 14-2 所示。

代码清单 14-2　测试简单的 Car 类

```
@Test
public void shouldStartCarEngine() {
    Car car = new Car();
    car.start();
    // 没有什么可断言!!
}
```

我们马上就遇到了一个问题。除非我们决定打破我们对汽车的封装，并将私有字段 engine 设为公有字段，或者提供一些其他恶劣的破解后门，以便让我们的测试能够读取私有变量（顺便说一下，这两种方法都是糟糕的），否则我们无法测试 Car! 这段代码根本就不是可测试的，因为我们看不到"启动汽车"的效果。

这里的问题是，我们遇到了某种极端情况。Car 的最后一个访问点是调用启动方法，在那之后，内部的工作对我们来说就是不可见的了。如果我们想要测试 Car，我们需要以某种方式允许访问，这不仅仅是测试的特殊情况。我们希望能够看到发动机。

在本例中，我们可以通过**依赖注入**添加一个测量点来解决这个问题。这里是一个更好的汽车的例子，在这个例子中，代替隐藏 Engine，我们把一个我们想要使用的 Engine 传递给 BetterCar。代码清单 14-3 展示了 BetterCar，代码清单 14-4 给出了它的测试。

代码清单 14-3　BetterCar

```
public class BetterCar {
    private final Engine engine;

    public BetterCar(Engine engine) {
        this.engine = engine;
    }

    public void start() {
        putIntoPark();
        applyBrakes();
        this.engine.start();
    }

    private void applyBrakes() {
    }

    private void putIntoPark() {
    }
```

代码清单 14-3 注入了一个 Engine。这个简单的步骤完全改变了与 PetrolEngine 的耦合，现在我们的类更加抽象了，因为它要处理的是 Engine 而不是 PetrolEngine。这样改善了关注点分离和内聚力，因为现在 BetterCar 不再关心如何创建一个 PetrolEngine 了。

在代码清单 14-4 中，我们看到了对 BetterCar 的测试。

代码清单 14-4　测试 BetterCar

```
@Test
public void shouldStartBetterCarEngine() {
    FakeEngine engine = new FakeEngine();
    BetterCar car = new BetterCar(engine);
    car.start();
    assertTrue(engine.startedSuccessfully());
}
```

这个 BetterCar 的测试使用了 FakeEngine，它的完整实现如代码清单 14-5 所示。

代码清单 14-5　帮助测试 BetterCar 的 FakeEngine

```
public class FakeEngine implements Engine {
    private boolean started = false;

    @Override
    public void start() {
        started = true;
    }

    public boolean startedSuccessfully() {
        return started;
    }
}
```

FakeEngine 除了记录调用 start 之外，什么都没做。[①]

这个简单的更改使我们的代码变得可测试了，而且正如我们所看到的，效果更好。然而，看似抽象的质量属性，比如模块化和内聚力，也是以一种越简单、越实用的方式呈现越好。

因为我们使代码具有了可测试性，所以它现在更加灵活。用 PetrolEngine 创建 BetterCar 很简单，但是用 ElectricEngine 或 FakeEngine（甚至如果我们有点

---

① 在真正的测试中，我们会选择使用 Mocking 库，而不是自己编写这段代码。我在这里加入 FakeEngine 代码是为了使例子更清楚。

儿"疯狂"的话还可以用 JetEngine）来创建 BetterCar 也很简单。我们的 BetterCar 代码是更好的代码，它之所以是更好的代码，是因为我们致力于使它更容易测试。

通过设计来提高代码的**可测试性**，可以让我们设计出更高质量的代码。当然，这不是万能之计。如果你不擅长编码，那么你的代码可能仍然很糟糕，但是如果你努力使其成为可测试的，那么它将比你通常所能实现的更好。如果你精通于编码，那么你的代码将变得更优秀，因为你使它可测试。

14.3　测量点

我们例子中的 FakeEngine 演示了另一个重要的概念：**测量点**。如果我们希望代码是可测试的，我们需要能够控制变量。我们希望能够准确地注入我们需要的信息，而且只注入该信息。为了让我们的软件进入可以测试的状态，我们调用一些行为，然后我们需要结果是可见的和可度量的。

这就是我所说的"可测试性设计"的真正含义。我们将设计有很多测量点的系统，以在不影响系统完整性的情况下检查系统的行为。这些测量点将采取不同的形式。这取决于组件的性质和我们考虑可测试性的程度。

对于细粒度测试，我们将会依赖函数或方法的参数和返回值，但是我们也会使用**依赖注入**，如代码清单 14-4 所示。

对于更大规模的系统级测试，我们将伪造外部依赖，这样我们就可以将**测量点探测器**插入系统中，从而让我们能够注入测试输入或者收集测试输出，就像第 9 章中讲过的那样。

14.4　实现可测试性的问题

许多团队在实现我在这里描述的可测试性的时候十分挣扎，这有两个主要原因：一个是技术上的困难；另一个则是与文化方面更相关的问题。

正如我们已经探讨过的，任何形式的测试都需要我们访问一些合理的测量点。对我们的大多数代码来说，这都没问题。通过像依赖注入和良好的模块化设计这样的技术，我们可以将代码组织成可测试的，但是这在系统的边缘，即在那些我们系统以某种方式与现实世界（或者至少是计算机中接近现实世界的摹本）进行交互的点上却变得困难。

如果我们编写的代码所做的操作是写入磁盘、在屏幕上绘图或者控制或响应某个其他硬件设备，那么系统的边缘就很难测试，因为我们要如何才能注入某段测试代码来注入测试数据或者收集测试结果呢？

这个问题的答案显然是要对我们的系统进行设计，把这些"边缘"代码放到非主体部分，使它们的复杂性最小化。这实际上是为了减少系统主体相对于这些边缘的耦合度。反过来，这又减少了我们对第三方软件元素的依赖，并使我们的代码更灵活，只需要很少的额外工作。

我们创建某种合适的抽象来表示我们在这一边缘的交互，编写测试，评估我们系统与这个抽象的伪版本的交互，然后编写一些简单的代码，将抽象转化为与边缘技术的真实交互。这是一种冗长的说法，其实就是我们添加了一个间接层。

代码清单 14-6 显示了一个简单的例子，其中的代码用于显示某些内容。我们可以创造一个带摄像头的机器人来记录某种屏幕上的输出，但那就过度了。相反，我们通过注入一段提供"显示"文本功能的代码，对显示某种结果的行为进行抽象。

代码清单 14-6　要显示的内容

```java
public interface Display
{
    void show(String stringToDisplay);
}

public class MyClassWithStuffToDisplay
{
    private final Display display;

    public MyClassWithStuffToDisplay(Display display)
    {
        this.display = display;
    }

    public void showStuff(String stuff)
    {
        display.show(stuff);
    }
}
```

通过对显示信息的行为进行抽象，我获得了一个很好的"副作用"，即我显示内容的类现在已经与任何实际的显示设备解耦了，至少在我提供的抽象边缘之外是这样的。显然，这也意味着，现在我们可以在没有实际 Display 的情况下测试这段代码。我在代码清单 14-7 中展示了这样一个测试的例子。

代码清单 14-7　测试要显示的内容

```
@Test
public void shouldDisplayOutput() throws Exception
{
    Display display = mock(Display.class);
    MyClassWithStuffToDisplay displayable = new MyClassWithStuffToDisplay(display);

    displayable.showStuff("My stuff");

    verify(display).show(eq("My stuff"));
}
```

最后，我们可以创建 Display 的具体实现。在代码清单 14-8 中显示了这个简单的例子，它是 ConsoleDisplay，但是我们可以想象，如果需要，可以用各种不同的选项替换它，比如 LaserDisplayBoard、MindImprintDisplay、3DGameEngineDisplay 等。

代码清单 14-8　显示内容

```
public class ConsoleDisplay implements Display
{
    @Override
    public void show(String stringToDisplay)
    {
        System.out.println(stringToDisplay);
    }
}
```

代码清单 14-5 到代码清单 14-8 很平常。如果在这个边缘，我们与之交互的技术更复杂，那么抽象显然需要更复杂，但原则仍然是一样的。

边缘测试

在我参与的一个项目中，我们以这种方式抽象了 Web 文档对象模型（document object model，DOM），以便使我们的 Web 页面逻辑单元成为可测试的。

现在有更好的选择，但在当时，在没有真正的浏览器的情况下，对 Web 应用程序进行单元测试是很困难的。我们不想为每个测试用例都启动一个浏览器实例，这样会降低测试的速度，所以我们改变了编写用户界面的方式。

我们编写了一个"位于文档对象模型前面"的用户界面组件库（文档对象模型的端口和适配器），因此如果我们需要一个表格，我们可以通过自己的文档对象模型工厂创建一个 JavaScript 表。在运行时，这为我们提供了一个外观对象，该对象为我们提供了一个可以使用的表格。在测试时，它为我们提供了一个存根，我们可以对它进行测试，而不需要真正的浏览器或文档对象模型。

你总是可以这样做。这实际上只是一个关于你试图抽象的技术有多简单或多难的问题，以及你认为其足以让你付出努力的重要程度。

对于这些"系统的边缘"，几乎总是值得付出努力的。例如，有时在 Web 用户界面或移动应用程序测试中，其他人可能已经为你完成了这项工作，但这是对边缘进行单元测试的方式。

关于这种方法的问题，以及任何真正解决这个问题的方法，都是文化方面的问题。如果我们认真对待可测试性，并从一开始就在我们的设计方法中采用它，这一切都是相当容易的。

当我们遇到没有考虑到可测试性的代码，或者人们认为它不重要时，这就变得更加困难。这种文化冲突是一个棘手的问题。

代码可能是问题中比较容易处理的部分，尽管比较容易并不一定意味着"容易"。即使会有抽象泄漏，我们也总是可以添加我们自己的抽象，并使其更易于测试。如果我们确实必须这样做，我们可以在测试范围内包含不妥协的"边缘"代码。这是一种令人不快的折中方案，但在某些情况下是可行的。

难题在于人。这么说并不夸张，从来没有一个团队实践过真正的测试驱动开发，也就是"在编写代码驱动开发之前先编写测试"，并发现它不起作用，但我从来没有遇到过这样的团队。

我遇到过很多团队，他们告诉我"我们尝试了测试驱动开发，但它不起作用"，他们这么说的意思其实都是，他们试着在编写完代码之后编写单元测试。在很大程度上，这不是一回事儿。

不同之处在于测试驱动开发支持**可测试代码**的设计，而单元测试则不支持。代码写完之后的单元测试促使我们走捷径，打破封装，并将我们的测试与我们已经编写的代码紧密耦合在一起。

测试驱动开发作为软件开发工程方法的基础至关重要。我不知道还有任何其他实践，可以如此有效地激发和增强我们的能力，让我们能够创建出符合本书观点的优秀设计。

我有时听到的反对测试驱动开发的最有力的论点是，它降低了设计的质量，限制了我们更改代码的能力，因为测试与代码是耦合的。我从来没有在使用"测试优先的测试驱动开发"创建的代码库中看到过这种情况。不过，这种情况很常见——我认为是不可避免的，它是"测试居后的单元测试"的结果。所以我怀疑，当人们说"测试驱动开发是行不通的"时，他们真正的意思是，他们并没有真正尝试测试驱动开发。虽然我确信可能不是在所有情况下都如此，但是我同样肯定在大多数情况下是这样的，所以这是接近真相的很有说服力的推测。

对设计质量的评论尤其贴近我内心的想法，因为，正如你从本书中看到的，我非常关心设计质量。

如果我假装自己不具备软件开发、软件设计和测试驱动开发方面的一些技能，那我太不真诚。我很擅长，我只能猜测其中的原因。当然，我很有经验。我可能有一些天赋，但比所有这些更重要的是，我有一些好习惯，让我远离麻烦。随着我的设计逐渐形成，比起我所知道的其他任何技术，测试驱动开发为我的设计质量提供了更清晰的反馈，它是我工作方式的基石，也是我推荐给其他人的工作方式。

14.5　如何提高可测试性

第 2 部分讲述了优化学习的重要性。我指的并不是某种宏大的学术意义，我指的是日常工程中精细、实用的意义。因此，我们将以迭代式工作，为摆在我们面前的工作添加一个测试。我们希望从我们的测试中得到快速、高效、清晰的反馈，这样我们就可以在极短的时间内，每隔几分钟就能知道，我们的代码正在做我们所期望的事情。

为了做到这一点，我们希望将我们的系统划分开来，这样我们就能够清楚地看到反馈意味着什么。我们将增量式工作来处理小的、独立的代码片段来限制我们的评估范围，以便在运行过程中清楚地看到发生了什么。

我们可以实验性地工作，将每个测试用例构建为一个小型实验，以预测和验证我们想要的代码行为。我们编写一个测试来获取软件应该如何运行的假设。我们在运行测试之前，先预测测试将如何失败，这样我们就可以验证我们的测试实际上是在测试我们所期望的内容。然后，我们可以创建能够通过测试的代码，并使用稳定的、通过测试的代码和测试组合作为一个平台来审查我们的设计，并做出小的、安全的、保持行为的更改，以优化我们的代码和提高测试的质量。

这种方法让我们对我们的设计有了更深入的了解，因为设计过程是在更深刻的意义上进行的，而不仅仅停留在关心"它是否通过了测试"。如果我们注意的话，代码的可测试性会引导我们取得更高质量的成果。

我们没有足够的工具来为我们做这类事情，如果我们忽视了这一点，就要自己承担后果。太多的开发人员和开发团队忽略了这一点，生产出来的软件比他们本应该能够生产的软件要差得多，生产速度也慢得多。

如果你面对的测试很难编写，那么你正在进行的代码设计就会很差，需要改进。

系统的可测试性是分形的。我们可以观察它，并将其作为工具使用，既可以用在整个企业系统的级别上，也可以用在少数几行代码的小焦点上，它是我们工具箱中最强大的工具之一。

在函数和类的细粒度级别上，要关注的可测试性的最重要方面是测量点。它们定义了我们在特定状态下建立代码的轻松程度，以及观察和评估其行为结果的轻松程度。

在更加系统和多系统的层面上，需要更多地将重点放在评估和测试的范围上。测量点的基础仍然重要，但评估范围是一个重要的工具。

14.6　可部署性

在我的《持续交付：发布可靠软件的系统方法》一书中，描述了一种以有效工作的理念为基础的开发方法，从而使我们的软件始终处于可发布状态。在每一次小的改动之后，我们都会评估我们的软件以确定它的可发布状态，并且我们每天多次获得这样的反馈。

为了实现这一点，我们采用了一种称为**部署流水线**的机制。就实际情况而言，部署流水线旨在通过高水平的自动化来确定可发布性。

那么，"可发布的"是什么意思呢？不可避免地，这在某种程度上是与上下文相关的。

我们当然需要知道代码做了开发人员认为它该做的事情，然后知道它做了用户需要它做的事情就更好了。之后，我们想知道该软件是否足够快、足够安全、足够有弹性，也许还符合任何适用的规则。

这些都是部署流水线的任务。到目前为止，我已经从可发布的角度描述了部署流水线，但是在我们继续探讨之前，有一个细微差别我想要解释一下。

实际上，在描述部署流水线时，我对**可发布的**和**可部署的**进行了区分。这是一个微妙的点，但是从开发的角度来看，我想把"准备好将变更**部署**到生产环境中"和"向用户发布功能"两个概念区别开。

在持续交付中，我们希望在一系列部署中自由创建新功能。因此，此时，我打算从谈论**可发布性**转而来谈谈**可部署性**。可发布性意味着某个功能的完整性和对用户的实用性；可部署性意味着软件是可以安全发布到生产环境中的，即使一些功能还没有准备好使用，并以某种方式隐藏了。

所以我们系统的**可部署性**包括许多不同的属性。软件单元必须能够部署，并且它必须满足在该系统的上下文中有意义的所有可发布特性：足够快、足够安全、足够有弹性、工作正常等。

这种可部署性的概念在系统和架构层面上是一个非常有用的工具。如果部署流水线表明系统是可部署的，那么可以将其部署到生产环境中。

很多人误解了持续交付的这一点，但这正是部署流水线的作用。如果部署流水线说变更是好的，那么在我们将变更部署到生产环境之前，就不需要做更多的测试，不需要更多的签核，也不需要与系统的其他部分进行进一步的集成测试。我们不是必须要将其部署到生产环境中，但是如果变更被部署流水线批准，那么如果我们选择这样做的话，它就已经准备好了。

这个行为准则说明了一些重要的东西。它将可部署性定义为"没有更多的工作要做"，这意味着要实现可部署的成果，我们必须认真对待**可部署的软件单元**级别上的模块化、内聚力、关注点分离、耦合和信息隐藏的思想。

我们评估的范围应该始终是**可独立部署的软件单元**。如果在没有进一步工作的情况下，我们不能自信地将我们的变更发布到生产环境中，那么我们的评估单元、我们部署流水线的范围，就是不正确的。

实现这一点的方式多种多样。我们可以选择将系统中的所有内容都包含在评估范围内、部署流水线范围内，或者我们可以选择将系统分解为可独立部署的软件单元，除此之外的方式都没有意义。

我们可以将系统的多个组件组织在不同的地方，从单独的存储库构建，但是评估范围是由可部署性的需求驱动的。因此，如果我们选择了这条途径，并且认为有必要在发布之前一起评估这些组件，那么评估的范围、部署流水线的范围，仍然是整个系统。这一点很重要，因为无论对系统一小部分的评估有多快，评估一个变更的可部署性所花费的时间才是真正重要的。所以，这就应该是我们优化的目标范围。

这意味着在创建系统时，可部署性是一个至关重要的问题。从这些方面思考，意味着它有助于我们把注意力集中在我们必须解决的问题上。我们要如何在合理的时间范围内获得反馈，从而指导我们的开发工作呢？

14.7　速度

现在让我们来讨论**速度**。正如我们在第 2 部分中讨论的，我们在开发过程中获得反馈的速度和质量对于我们优化学习至关重要。在第 3 章中，我们讨论了度量的重要性，并重点讨论了**稳定性**和**吞吐量**的使用。吞吐量，作为我们开发过程的效率的度量标准，显然与速度相关。

当我为团队做咨询以帮助他们采用持续交付时，我建议他们专注于努力减少获得反馈所需的时间。

我通常会提供一些指导方针：我告诉他们努力优化他们的开发过程，这样他们就能够实现可发布的成果、产品质量可部署的软件单元，每天多次，时间越短越好。作为目标，我通常建议将目标设定为，在提交任何变更后不到一小时就可以将其部署到生产环境中。

这可能是一个具有挑战性的目标，但我们只需要考虑这样一个目标意味着什么。你不能拥有太大的团队，因为沟通成本会大大减慢他们的速度。你也不能有孤立的团队，因为团队之间的协调也会让速度很慢。你必须在自动化测试上有一个很好的定位，你需要像持续集成和持续交付这样的反馈机制，你必须有好的架构来支持这些策略，你需要评估可独立部署的软件单元和更多的东西，以便在不到一小时的时间内获得可发布的成果。

如果你采用一种迭代式的、实验的方法，只是为了提高开发过程中反馈的速度，那么它就相当于一种适应度函数，适合所有敏捷理论、所有精益理论以及所有持续交付和DevOps。

这种对速度和反馈的关注必然会将你引向这些思想。与遵循来自一些现成的开发过程中的习惯或方法相比，这是一个更强大的、可度量的、指向更好结果的指南。这就是我所说的**软件工程**的思想。

速度是一个工具，我们可以用它来指导我们获得更高质量、更高效的成果。

14.8 控制变量

如果我们希望能够快速、可靠、可重复地测试和部署我们的系统，我们需要限制变化幅度，并且需要**控制变量**。我们希望每次部署软件都能得到相同的结果，因此我们需要在力所能及的范围内自动化部署和管理所部署系统的配置。

在我们无法施加控制的地方，我们必须非常小心地对待那些触及不受控制领域的系统边缘。如果我们将软件部署到无法控制的环境中，我们希望对它的依赖程度尽可能低。抽象、关注点分离和松耦合是关键思想，限制我们接触任何我们无法直接控制的事物。

我们希望每次运行我们创建的测试，在测试被测软件的相同版本时，都能给出完全相同的结果。如果测试结果不同，我们应该努力施加更大的控制，以更好地将测试从外部影响中隔离出来，或者改进代码中的确定性。模块化和内聚力、关注点分离、抽象以及耦合也是允许我们实施这种控制的关键思想。

如果存在长时间运行测试或手动测试的诱惑，这些通常是不恰当地缺乏控制变量的表现。

我们常常不把这个概念当回事儿。

控制变量不力的代价

我曾经为一家构建大型复杂分布式软件系统的大型组织做过咨询，他们有 100 多个开发团队参与这个项目。他们向我征求有关性能测试方面的意见。

他们为整个系统创建了一套大型复杂的端到端性能测试。

他们已经尝试 4 次运行性能测试用例集，但是现在他们不知道结果意味着什么。

结果变化无常，无法在测试运行之间进行比较。

其中一个原因是，他们的测试是在公司的网络上运行的，所以根据当时发生的其他情况，结果完全是偏离的。

创建和执行这些测试的所有工作基本上都被浪费了，因为没有人知道结果意味着什么。

计算机给了我们一个极好的机会。忽略宇宙射线和中微子与我们的与非门（NAND gate）的碰撞（两者都由硬件纠错协议支持），计算机和运行在它们上面的软件是确定的。给定相同的输入，计算机每次都会产生相同的输出。这一事实的唯一限制是并发性。

计算机的速度也快得令人难以置信，为我们提供了一个前所未有的、极好的实验平台。我们可以选择放弃这些优势，也可以选择控制并利用这些对我们有利的优势。

我们如何设计和测试我们的系统，对我们能够施加的控制程度有很大的影响。而这正是用测试驱动我们设计的另一个优势。

可靠的可测试代码在测试范围内不是多线程的，除了一些非常特殊的测试类型。

并发代码很难测试，因为它是不确定的。因此，如果我们将代码设计为可测试的，我们将仔细考虑并发性，并努力将其移到可控的、易于理解的系统边缘。

根据我的经验，这会产生更容易测试的代码，因为它是确定的，而且会产生更容易理解的代码。当然，在我工作的地方，产生的是在计算上要高效得多的代码。

14.9　持续交付

持续交付是一种组织原理，它帮助我们将这些思想结合到一起，形成一种有效、高效、可行的开发方法。努力使我们的软件始终是可发布的，这让我们将注意力集中在部署流水线中的评估范围以及软件的可部署性上。这为我们提供了一些工具，我们可以使用这些工具来构建我们的代码和组织，以创建这些**可独立部署的软件单元**。

持续交付不是关于自动化部署的，尽管这是它的一部分。它是关于组织我们的工作的更加重要的思想，为的是我们能够创建一个半连续的变更流。

如果我们认真对待这个思想，那么它会要求我们构造开发方法的所有方面来实现这个流。它对我们的组织结构有影响，最大限度地减少组织的依赖性，并促进小团队的自主性。这些小团队可以快速高质量地工作，而不需要与他人协调他们的工作。

它要求我们应用高水平的自动化，特别是在测试我们的软件时，这样我们就可以快速、高效地了解我们的变更是安全的。因此，它促使我们非常认真地对待测试，这样最终我们就能得到可测试的软件，并能从它带来的所有优势中受益。

持续交付指导我们测试系统的部署和配置，并迫使我们认真对待控制变量的思想，以便我们能够在测试中实现可重复性和可靠性，以及在我们的产品部署中实现可重复性和可靠性。

持续交付是一种高度有效的策略，可以围绕它为软件开发建立一个强大的工程行为准则。

14.10 支持工程的通用工具

这些是通用工具。这些思想适用于软件中的任何问题。

让我们来看一个简单的例子。假设我们想要向系统添加一些软件——可能是第三方组件、子系统或框架。我们如何评估它？

当然，它必须起作用，并为我们的系统提供某种价值，但在此之前，我相信你可以使用本章和本书其他部分的概念作为限定词。

这项技术可部署吗？我们可以将系统的部署自动化，以便我们能够可靠、可重复地部署它吗？

它是可测试的吗？我们能确认它正在做我们需要它做的事情吗？详尽地测试第三方软件不是我们的工作，如果我们必须这样做，它可能不够好，质量不够高，无法供我们使用。然而，在某种程度上，我们希望测试它是否在我们系统的上下文中做了它需要做的事情，是否配置正确，是否在我们需要它时启动并运行，等等。我们能测试它吗？

它允许我们控制变量吗？我们能可靠地、可重复地部署它吗？我们能对部署和任何配置进行版本控制吗？

在持续交付环境中工作足够快吗？我们能在合理的时间内部署它，足够快地启动并运行，以便能够每天多次使用它和评估它吗？

如果它是一个我们需要编写代码与之建立接口的软件组件，它能让我们为代码设计维护模块化方法吗？还是它会迫使我们采用它自己的编程模型，以某种方式损害我们的设计呢？

这些问题的错误答案几乎肯定会让我们取消这项技术的资格，甚至在我们还没有考虑它是否做得很好，以及在其他上下文中是否有用之前。

除非这个第三方技术提供的服务是不可或缺的，否则我建议寻找替代方案。如果这项服务是必不可少的，那么尽管采用了这项技术，我们仍需要努力实现这些性能。在计算这项技术的成本效益时，需要将这一成本因素考虑在内。

这个例子是为了给这种思维方式的普遍性提供一个模型。我们可以使用学习工具、管理复杂性的工具以及这些工具支持的工程方法，为我们工作的每个方面的决策和选择提供信息。

14.11 小结

本章将我在本书中提出的相互关联的思想汇集到一个连贯的模型中，以便更有效地开发软件。通过采用本章中的思想作为我们进行软件开发的组织原则，我们得到的成果会比忽略它们得到的成果更好。

这是我们能从任何工具、过程或行为准则中期望得到的最好结果。没有成功的保证，但是通过应用我在这里描述和贯穿全书的思想，我相信你将更快地创建高质量的代码。

第 **15** 章

现代软件工程师

本书中的所有思想都紧密交织在一起，到处都有交叉和冗余。如果不改进模块化，就不能真正地分离关注点。

模块化、内聚力和关注点分离增强了我们收集**反馈**的能力，从而促进了**实验**。

因此，在写这本书的过程中，这些主题中的每一个都重复了多次。这既是有意的，也是不可避免的，但我认为这也恰恰说明了这些思想中存在更重要的东西。

这些思想不仅紧密相连，而且几乎适用于所有地方，这就是关键所在。

人们很容易迷失在短暂的细节中。我们选择的是哪种语言、操作系统、文本编辑器或框架，最终对我们来说，比起那些在所有这些事情之间可以转移的技能，这些细节应该没有那么重要。

正如我在其他地方说过的，与我共事过的最好的软件开发人员，无论他们选择使用什么工具，都能写出好的软件。当然，他们中的许多人对他们所选择的工具都有很深厚的专业知识和技能，但这并不是他们的技能、才能或对雇用他们的组织的价值核心。

　　所有这些思想对你来说可能都很熟悉，但你可能没有把它们当成一种组织工作的方法。这就是我写这本书的意图。我不仅仅想提醒你这些思想的存在，而且想建议你把它们当作你所做的一切背后的驱动原则。

　　这些思想，围绕着对我们所做的一切进行优化的原则来组织，最大限度地提高我们的学习能力和管理我们所创建系统的复杂性的能力，真正形成一门学科的基础，我们可以理所当然地将其称为解决软件问题的工程方法。

　　如果我们做了这些事情，我们成功的可能性会比不做要高。

　　这不是一种"摇动手柄"的方法。仅仅按照我或其他人的诀窍，你不会得到优秀的软件，就像遵循一些虚构的点对点汽车制造商手册，你不可能创造出一辆好汽车一样。

　　这需要你深思熟虑、勤奋、细心且悟性强，软件开发不是一件容易做好的事情。某些编码形式可能是容易做好的，但是正如我已经讲过的，软件开发不仅仅是编码。

　　这是软件工程的一个简单模型，但应用起来却很困难。

　　这个模型很简单，两组分类中有 10 个基本概念，然后是一些工具，如可测试性、可部署性、速度、控制变量和持续交付，可以帮助我们实现这些基本思想，这就是全部。然而，这 10 个概念的含义往往发人深省而且复杂，所以它们很难应用。

　　掌握这些工具的使用方法，并将这些思想作为支撑我们的设计和决策的基本原则，可以增加我们成功的机会。在我看来，把它们当作我们创建软件的决策基础，是软件开发行为准则的核心。

　　我写这本书的目的不是说"软件很容易"，而是承认"软件很难，所以让我们深思熟虑地处理它"。

　　对我来说，这意味着我们需要更加小心地处理它，在这个思维框架内，我们能够为还没有想到的问题找到更好的答案。这是一种为我们不知道如何解决的问题寻找解决方案的方法。

　　这 10 个概念给了我这个框架，我已经看到许多个人和团队从应用它们中受益。

　　理解我们学科的本质会影响我们取得进步的能力。认识到我们所构建的系统的复杂性，以及软件本身的本质，对于取得成功是很重要的。在编写半线性指令序列时，如果把它当作一个微不足道的活动来对待，始终注定是要失败的，除了最微不足道的编程活动之外。

　　我们需要运用能适应我们所面对的任何环境的思考工具。在我看来，这似乎是任何我们可以认为是真正的软件工程学科的核心。

15.1 工程作为人类过程

工程这个术语可能很含糊,因为它经常被错误地应用在软件开发的上下文中。

工程学的大多数定义都以诸如"对工程师的工作的研究"的话开始,然后描述如何使用数学和科学来指引这项工作。所以这实际上是关于过程的,即我们的工作方法。

我在本书开头介绍的初步定义正好符合我的目标。

> 工程学是对经验主义的、科学方法的应用,目的是为实际问题找到高效的、经济的解决方案。

工程学是经验主义的,因为我们不会试图把科学应用到我们期望每次都能得到完美结果的程度。(实际上,科学也不是这样的,它只是努力接近。)

工程学通常是在信息不完全的情况下做出理性明智的决定,然后根据我们从现实经验中收集的反馈,看看我们的想法在现实中是如何发挥作用的。

它是以科学的推理方式为基础的。我们想要测量我们能够合理测量的东西,采用实验性的方法来做出变更,并控制变量,以便我们能够理解变更的影响。开发和维护一个模型,一个假设,随着我们理解的不断加深,我们可以根据这个模型来持续评估我们的理解。

重要的是,我们找到的解决方案以及我们努力实现这些解决方案的方式必须是高效的。

我们希望我们创建的系统尽可能简单,运行的速度尽可能快,同时消耗最少的资源来取得成功。

我们还希望能够以最少的工作量快速创建它们。出于经济原因,这很重要。而且如果我们想要能够有效地学习,这也是至关重要的。反馈的及时性是衡量我们工作效率的一个很好的标准。正如我们在第 5 章中所探讨的,反馈的及时性对我们有效学习的能力来说也是基础的。

除了工程思维对开发的普遍适用性之外,认识到我们工作的组织和团队也是信息系统也很重要，因此管理复杂性的思想同样适用于这些事情。

15.2 数字化颠覆性组织

对企业和商业领袖来说，谈论像数字化颠覆（digital disruption）这样的思想是很常见的，他们的意思是应用数字技术来重新想象和颠覆传统商业。想想看，亚马逊（Amazon）颠覆了零售供应链，特斯拉（Tesla）改变了汽车生产的基本方式，或是优步（Uber）将出租车服务转变为零工经济（gig economy）。这些思想对于传统商业和传统商业思维都是挑战。

像这样的组织的一个决定性特征是，它们几乎总是以工程为主导的。软件开发不是成本中心，也不是支持功能，它是"业务"。甚至像特斯拉这样的公司，它的产品是物理设备，而它却围绕着软件理念塑造它的组织。

从某种程度上讲，特斯拉是一家持续交付的公司，如果有人产生一个新的想法，他们可以重新配置工厂，通常通过软件来应用新想法。

软件正在改变商业运作方式，为了实现这一点，它挑战了许多传统假设。

我最喜欢的模型之一来自扬·博施（Jan Bosch），他将其描述为"BAPO 与 OBAP"[①]。图 15-1 和图 15-2 有助于解释他的想法。

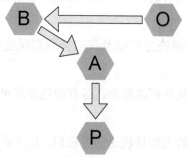

图 15-1　大多数企业如何规划（OBAP）

[①] 扬·博施在他的网站"软件驱动的世界"（Software Driven World）上的博客文章《结构吃掉战略》（"Structure Eats Strategy"）以及他的书《速度、数据和生态系统：在软件驱动的世界中出类拔萃》（*Speed, Data and Ecosystems: Excelling in a Software-Driven World*）中描述了这些想法。

大多数公司遵循 OBAP［组织（organization）-业务（business）-架构（architecture）-过程（process）］模型（见图 15-1）。他们首先确定组织、部门、团队、职责等。然后，基于这些组织决策的约束条件，他们决定一个业务战略，以及如何产生收入、利润或其他业务成果。接下来，他们决定一个合适的架构作为其系统的基础，最后决定一个可以交付该系统架构的过程。

这有点儿疯狂——业务愿景和目标受到组织结构的限制。

一个更合理的模型是将我们组织的结构视为工具：BAPO［业务（business）-架构（architecture）-过程（process）-组织（organization）］（见图 15-2）。

我们确定业务愿景和目标，决定如何从技术上实现这一目标（架构），弄清楚如何构建类似的东西（过程），然后选择一个支持必要活动的组织结构。

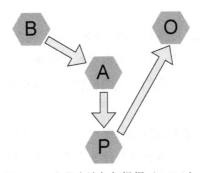

图 15-2　企业应该如何组织（BAPO）

当我们开始思考如何将一群人组织起来作为实现目标的工具时，应用本书中描述的工程思维是成功运用该工具的核心。

与任何其他信息系统一样，管理组织内部的耦合是成功的关键之一。同样的道理，这适用于软件，也适用于组织。模块化的、有内聚力的、具有合理的关注点分离的组织，以及以一种允许对组织其他部分隐藏信息的方式进行抽象的团队，比高度耦合的、只能步调一致地取得进展的团队，更具可伸缩性且更高效。

这就是组织难以扩展的原因之一。随着组织的增长，耦合的成本也会增加。对快速增长的大型公司来说，对组织进行设计，以最大限度地减少不同人群之间的耦合是一种现代战略。

《加速：企业数字化转型的 24 项核心能力》一书背后的研究并非偶然发现，基于稳定性和吞吐量的度量标准，高效能团队的显著特征之一，是他们能够在团队内部做出决策,而无须寻求其他团队的许可或配合,这样的团队在信息上是解耦的。

这很重要,这就是像亚马逊这样的组织与结构更传统的公司之间的区别。像亚马逊这样的组织,当规模扩大一倍时,生产率会增加一倍以上,而结构更传统的公司在规模扩大一倍时,生产率只会增加约 85%[①]。

15.3 结果与机制

在我准备写这本书的结论时,我参与了一场关于结果和机制重要性的线上辩论。我从一个绝对肯定的立场出发,认为每个人都会同意我的观点,即结果比机制更重要。很快我就打消了这个念头。

然而,我认为和我辩论的人都不糊涂,因为他们不同意我的观点。看着他们的反应,我以为他们最终会同意我的观点。他们没有忽视"结果"的重要性,他们所担心的是一些他们重视的隐含的东西,或者他们喜欢的机制,这些机制帮助他们获得了他们想要的结果。

软件开发的成功是一个复杂的概念。有一些显而易见的东西很容易度量,我们可以从它们开始。我们可以度量某些业务和软件的商业成果,这是成功的一个衡量标准。我们可以度量使用数量,一个开源软件项目的成功与否通常是通过软件累积的下载数量来衡量的。

我们可以应用 DORA 团队的生产力和质量的度量标准,即**稳定性**和**吞吐量**,这两个度量标准告诉我们成功的团队可以非常高效地生产非常高质量的软件。我们还可以通过各种衡量标准来衡量客户对我们产品的满意度。

这两个维度的所有好"分数"在某种程度上都是理想的结果。其中有些是上下文相关的,有些则不是。在任何情况下,有质量地高效工作(在**稳定性**和**吞吐量**方面都取得好成绩)都会更加成功,这就是为什么我认为这两个度量标准是如此有效的工具。

我关于"结果比机制更重要"的论点,其背景是一场关于持续交付理念与 DevOps

[①] **微服务**一词的发明者詹姆斯·刘易斯(James Lewis)有一篇有趣的演讲,内容涉及圣菲研究所(Santa Fe Institute)非线性动力学方面的工作。

理念的辩论[①]。

　　我的观点是，我认为持续交付定义了一个理想的结果，而不是一种机制，所以将它作为一个通用的组织原则来指导开发战略和方法更有用。

　　DevOps 是一个非常有用的实践集合。如果你采用了所有的实践，并且做得很好，那么你将能够持续地将价值交付到你的用户和客户手中。然而，如果由于某种原因出现了超出 DevOps 范围的情况，因为它更多是一个实践集合，如何应对就不那么明确了。

　　然而，持续交付说的是"努力使你的软件始终处于可发布状态"、"优化以获得快速反馈"以及"我们的目标是获得从想法到用户手中有价值的软件的最高效的反馈"。

　　如果我们认真对待这两个理念，我们可以利用它们为我们以前从未遇到过的问题提出独特、创新的解决方案。

　　当我和其他人开始为持续交付写书时，我们从未造过汽车、宇宙飞船或搭建过电信网络。在我和耶斯·亨布尔写书时，这些活动中的每一项，对我们所构建的各种系统都提出了大为不同的挑战。

　　当我作为一名顾问时，我会就目标为我的客户提供具体建议，他们应该依据部署流水线的反馈，努力达到这些目标。我通常会建议我的客户将目标设定为，从提交阶段开始在 5 分钟内完成任务，在不到 1 小时内完成整个流水线。"目标是每小时都创建出一些可发布的内容。"

　　如果你是特斯拉在造汽车，或是 SpaceX 在造火箭，或是爱立信（Ericsson）在造全球移动电话基础设施，这个目标可能是不可能实现的，因为燃烧硅或用金属制造东西的物理过程会阻碍你。

　　然而，持续交付的原则仍然有效。

　　"确保你的软件始终是可发布的。"你仍然可以彻底测试你的软件，如果一个测试失败，就立即拒绝任何更改。"优化以获得快速反馈。"自动化一切：自动化测试以模拟的方式完成绝大多数测试，以便反馈总是快速、高效的。

　　比这更深刻的是，我们可以从科学中获得的思想，持续交付所基于的思想，是所有思想中最持久的。

- **描绘**：观察当前的状态。

---

① 如果你对我关于持续交付和 DevOps 的看法感兴趣，可以在我的 YouTube 频道上观看相关视频。

- **假设**：给出一个描述、一个推测，来解释你的观察。
- **预测**：根据你的假设做出预测。
- **实验**：验证你的预测。

为了弄清楚我们从这种方法中学到了什么，我们必须控制变量。我们可以用几种不同的方式来做到这一点。我们可以一小步一小步地工作，这样我们就可以了解每一步的影响。我们可以对系统的配置进行完全的控制，并使用我们已经讨论过的管理复杂性的技术限制变更的范围。

这就是我所说的工程学——那些给我们带来明显更大成功机会的思想、方法和工具。

你可能无法达到我通常建议的反馈目标，但你可以将其作为目标，并在物理或经济上的约束下朝着目标努力。

15.4 持久且普遍适用

如果我们要成功地定义软件开发的工程学科，那么它在技术上将是不可知的。它的建立所依据的原理将是持久的和有用的，帮助我们回答我们未曾预见到的问题，并理解我们尚未发明的想法和技术。

我们可以试试！

在我的职业生涯中我一直在开发我和我的同事们设计的软件，但是我们能把这种思维应用到不同形式的软件开发中吗？这些工程原理仍然适用于机器学习吗？

图 15-3 展示了一个典型的机器学习工作流。时间花费在组织训练数据、清理数据和准备数据上。选择合适的机器学习算法，定义适应度函数应用于输入数据，然后在训练数据上释放机器学习算法。它们反复尝试问题的不同解决方案，直到达到与适应度函数匹配的期望精度。此时，可以将生成的算法部署到生产环境中。

如果没有达到精度，开发人员/数据科学家就会不断改变训练数据和适应度函数，循环这个过程，尝试找到有效的解决方案。

一旦将算法投入生产环境中，就可以对其进行监控，如果发现任何问题，就可以回到循环中进行再训练。

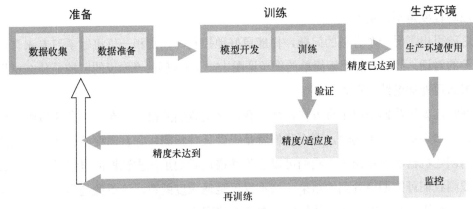

图 15-3 典型的机器学习工作流

我们的工程模型如何匹配？

很明显，机器学习系统的开发是关于学习的，而不仅仅是为了机器。开发人员需要优化他们的工作和方法，以使他们能够了解使用什么数据来训练他们的系统，以及在适应度函数中什么会起作用来指导训练。

训练机器学习系统涉及大量数据，因此思考并积极采用技术来管理这种复杂性，对于取得良好进展至关重要。我听说，对数据科学家来说，迷失在数据的沼泽中、无法取得可复制的进展，这很容易发生，也很常见。

将开发过程本身作为一个迭代过程显然将发挥最好的作用。训练数据的组装和准备以及合适的适应度函数的建立和完善，从根本上说都是迭代过程。反馈以匹配精度的形式传递给适应度函数。很明显，当迭代过程短、反馈又快又清晰时，这种方法将最有效。整个过程是一个实验性迭代和改进的过程。

以这样的方式思考，可以让我们有机会做得更好。优化这个过程是明智的，这样开发人员就可以快速循环，以提高每次迭代的学习质量。这意味着要一小步一小步地工作，并且要清楚反馈的性质和质量。

把每一个小步骤都当作一次实验来思考，可以促进我们更好地控制变量，比如对我们的脚本和训练数据的版本控制。

甚至想象这部分过程的计划和工作不是一个动态的、迭代的、反馈驱动的经验发现过程，似乎都有点儿奇怪。

为什么是经验性的？因为数据很乱，结果也很复杂，使得在机器学习开发中通常运用的控制程度是不确定的。

这就引出了另一个有趣的问题，你能更好地控制吗？我和一位机器学习专家有过一段有趣的对话。他对我的那幅简单的图（见图 15-3）有疑问："你说的监控是什么意思？我们怎么可能知道结果呢？"

好吧，如果我们采用工程方法，那么我们将把我们的模型发布到生产环境中当作一个实验。如果这是一个实验，那么我们就是在做某种预测，并且需要检验我们的预测。当我们创建机器学习系统时，我们可以想象并描述我们正在尝试做的事情是什么，我们可以预测我们可能期望看到的结果。这不仅仅是适应度函数，这更像是定义一些误差界限、一个范围，我们期望合理的答案落在这个范围内。

如果我们的机器学习系统是为了销售更多的图书而设计的，结果却不知不觉陷入"试图占领世界市场"，那么很可能是做得不好。

那么管理复杂性呢？机器学习中的一个问题是，做机器学习的人通常不具备软件背景。因此，许多已经成为软件开发常规标准的技术——甚至是像版本控制这样的基本技术——都不是标准的技术。

然而，却很容易看到本书中的工程原理可能被应用的方式。采用模块化方法，将脚本写入程序集、清理数据和定义适应度函数是显而易见的。这是代码，所以要使用必要的工具，让我们能够编写好的代码。控制变量，通过内聚力将相关的想法紧密地联系在一起，通过模块化、关注点分离、抽象和降低耦合将不相关的想法分开。不过，这也同样适用于所涉及的数据。

将这些思想应用到数据中，并选择模块化的训练数据（从某种意义上说，它关注的是问题的正确方面），让机器学习系统的开发人员能够更快地迭代。这限制了变更，并将重点放在训练过程上，也许有助于采用更有效、更可伸缩的方法来管理训练数据。这是对数据清理真正含义的一种理解。

确保数据和适应度函数中的关注点分离也很重要。例如，在工资和性别之间，根据对诸如此类事情的内置假设，机器学习系统做出糟糕的选择，很明显，你可以认为像这类问题就代表了训练数据中缺乏关注点分离，也代表了我们社会的一种"可悲的状态"。

关于机器学习的讨论就到此为止，不要再进一步暴露我对机器学习的无知了。我的观点是，如果这些思维工具普遍适用，它们将为我们提供处理问题的有效方法，即使我们对它们一无所知。

在这里的例子中，我并不是要表明我已经得到了任何正确答案，但是我的模型允许我提出一些问题。据我所知，这些问题在机器学习圈子中并不常见。这些是我们可以研究的问题，并且可能有助于我们优化过程，提高机器学习系统的生产质量，甚至改进系统本身。

这是我们应该从一个真正的工程过程中期望得到的。它不会给我们答案，但是它会为我们提供一种方法，引导我们找到更好的答案。

15.5　工程学科的基础

这本书中的思想构成了一门工程学科的基础，这门学科可以增加我们成功的机会。

你选择的编程语言其实并不重要，你使用的框架其实也不重要，你选择的方法论不如我在本书中概括的思想重要。

这并不是说这些事情对我们的工作没有影响，它们对我们的工作当然是有影响的。它们的重要程度和木匠选择使用的锤子型号的重要程度一样。

对软件来说，这类选择不仅仅是个人的喜好，因为它会影响团队的合作方式。但是从本质上讲，选择一种技术而不是另外一种技术，对结果的影响，要小于应用该技术的方式带来的影响。

我写这本书的目的是要描述一些思想，总的来说，这些思想为我们如何更有效地使用工具提供了指导。

通过关注优化学习和管理复杂性的基本原则，我们增加了成功的机会，无论我们选择使用什么技术。

15.6　小结

目前，本书中的思想已经形成了多年来我的软件开发方法的基础。意料之中的是，这本书的写作过程在某种程度上帮助我明确了自己的想法，我希望这能让我更容易与其他人一起交流这些思想。

在我最近的职业生涯中，我几乎专门研究复杂的系统。我很幸运地解决了一些以前很少有人解决过的问题——如果有人解决过的话。每当我和我的团队陷入困境时，我们就会求助于这些基本原则。无论问题的本质是什么，即使我们对如何取得进展毫无头绪，它们作为指导原则都会引导我们获得更好的结果。

近来，我主要为大型跨国公司提供咨询服务，经常做一些创新的事情，有时规模空前。这些思想仍然适用，并指导我们解决了真正困难的问题。

当我开始为自己编写代码（这仍然是我非常喜欢的事情）时，我会将这些相同的思想应用到最小且通常最简单的尺度上。

如果你总是优化你的工作和你开展工作的方式，以最大限度地提高你的学习效率，你会做得更好。

如果你总是努力管理你眼前工作的复杂性，在各种规模的工作上都是如此，你将能够永远有能力把工作做得更好。

这些对软件开发来说都是真正的工程学科的标志。当我们应用这些行为准则时，可极大地增加我们更快地构建更好的软件的机会。

这里有一些重要且有价值的东西。我希望我以你能够理解的方式表达了这些内容，并在你的工作中对你有所帮助。